HOLGER FISCHER

KARRIERE KILLER

... und wie man sie effektiv vermeidet

Mit Interviewpartnern und -partnerinnen aus Weltklassesport, Olympia und Top-Unternehmen, wie zum Beispiel Angelique Kerber, Jessica von Bredow-Werndl, Simon Tress, Thomas Strunz und viele mehr.

Vorwort von **René Adler**, ehemaliger Fußball-Nationaltorwart, und **Thomas Müllerschön**, CEO der Seca Group

REDLINE | VERLAG

Bibliografische Information der Deutschen Nationalbibliothek
Die Deutsche Nationalbibliothek verzeichnet diese Publikation in der Deutschen Nationalbibliografie.
Detaillierte bibliografische Daten sind im Internet über http://dnb.d-nb.de abrufbar.

Für Fragen und Anregungen:
info@redline-verlag.de

1. Auflage 2022

Türkenstraße 89
D-80799 München
Tel.: 089 651285-0
Fax: 089 652096

Redaktion: Christiane Otto
Umschlaggestaltung: Marc Fischer
Satz: Satzwerk Huber, Germering
Druck: GGP Media GmbH, Pößneck
Printed in Germany

ISBN Print 978-3-86881-843-7
ISBN E-Book (PDF) 978-3-96267-316-1
ISBN E-Book (EPUB, Mobi) 978-3-96267-317-8

Weitere Informationen zum Verlag finden Sie unter
www.redline-verlag.de
Beachten Sie auch unsere weiteren Verlage unter www.m-vg.de

Inhalt

Für meine geliebte Ehefrau Martina, die mich nicht nur in diesem Buch, sondern all die ganzen Jahre meisterhaft unterstützt und mich so sein lässt, wie ich bin. Mein Schatz, ich liebe dich, bin stolz auf dich und freue mich, dass du in diesem Buch ein Kapitel gestaltet hast.

Vorwort von René Adler

Karrierekiller aus der Sicht eines Profisportlers

Meine Karriere wird unausweichlich mit einem Event verknüpft: die verpasste WM in Südafrika 2010. Schnell musste ich mir abgewöhnen, nein, ich musste mir verbieten, weiter darüber nachzudenken, was gewesen wäre, wenn ich das Turnier gespielt hätte. Nicht nur, dass ich meiner metaphorischen Wunde immer wieder eine ordentliche Portion Salz verabreicht hätte, auch mein Alltag mit Familie und Job wäre ganz sicher ins Straucheln geraten. Das sah man außerhalb meiner vier Wände offenbar anders. Und so war mein WM-Aus bei Fans und Journalisten ein beliebtes Thema: die Geschichte eines Traums, der wahr zu werden scheint. Doch noch kurz vorm Abheben dann der tragische Fall … Und so wurde ich noch viele Jahre immer wieder mit Fragen gelöchert, die mich zwangen, noch einmal zurückzublicken. In der Öffentlichkeit wurde ein tragisches, bedauernswertes Bild kreiert: Was für ein Verletzungspech! Ach, wenn doch diese externen, unglücklichen Umstände nicht gewesen wären und dafür gesorgt hätten, dass sein großer Traum platzt!

Die Wahrheit ist oftmals jedoch eine andere und findet ihren Ursprung nicht immer in unglücklichen, äußeren Faktoren, sondern liegt vielmehr in jedem selbst. Im Inneren, in der eigenen Haltung, im Mindset. Retroperspektiv kann ich überzeugt sagen, dass auch in meinem Fall nicht Pech oder ein Gegenspieler schuld waren für zwei gebrochene Rippen, sondern der immense Druck, den ich mir selbst gemacht hatte. Dieses Turnier sollte mein Durchbruch in die Weltspitze werden, und ich habe das Rad damals einfach sprichwörtlich überdreht. Diese bittere Erkenntnis tat noch viel mehr weh, weil damit der Schuldige kein anderer war als ich selbst. Nicht das Schicksal oder die ach so unglücklichen äußeren Umstände. Das zu reflektieren hat gedauert. Aber ich würde es als einen der wichtigsten Meilensteine meines beruflichen, aber auch persönlichen Lebens bezeichnen, diese Erkenntnis erlangt zu haben.

Es bringt nichts, in »Hätte ..., wäre ..., wenn ...« zu leben. Es geht auch nicht um Fehler oder Schuld oder um verpasste Chancen. Es geht darum, ehrlich zu sich selbst zu sein und was draus zu machen. Irgendwann heißt es: raus aus der Opferrolle und Verantwortung übernehmen! Denn nur so hat man das eigene Schicksal in der Hand. Durch diesen schmerzhaften, aber wichtigen Prozess ist in mir eine innere Haltung gewachsen, die meinen weiteren Lebensweg nachhaltig beeinflusst hat. Diese Haltung ist natürlich nicht über Nacht gekommen, und allein bin ich diesen Weg auch nicht gegangen.

Ich habe Holger Fischer immer als einen meiner wichtigsten Sparringspartner begriffen, der mir andere Blickwinkel aufgezeigt und mich kritisch und schonungslos zu Selbsterkenntnissen geleitet hat, die zwar oftmals beängstigend waren oder schlichtweg wehtaten, für meine ganzheitliche Entwicklung jedoch waren sie von unheimlichem Wert und sind es noch immer. Gerade im Sport, wo Sieg und Niederlage oftmals so eng beieinanderliegen, kann man denken, dass jeder kleine Fehler ein potenzieller Karrierekiller sein könnte. Für einen Torwart ist es existenziell, dass er seinen Fehlerquotienten möglichst klein hält, weil jeder Fehler weitreichende Konsequenzen auf den Ausgang des Spiels haben kann. Es ist aber absolut illusorisch zu glauben, man könne fehlerfrei spielen. Die Frage, die sich im Leben eigentlich stellt, ob für einen Torwart oder andere Menschen, ist doch vielmehr: Wie gehe ich mit den Fehlern um, und nutze ich sie, um weiterzukommen? Oder gebe ich ihnen die Macht, mich und meine Karriere tatsächlich zu »killen«?

Das eigentliche Problem sehe ich in Entscheidungen, die aus Eitelkeit oder einem falschen Selbstbild getroffen werden. Oder aus Zweifel und Angst vor Dingen, die vielleicht noch gar nicht passiert sind. Dann werde ich zum besten und effektivsten Karrierekiller für mich selbst. Und da sind wir wieder bei Holger. Er ist schonungslos und unbequem. Kritisch und hinterfragend. Einer, der dir gern immer und immer wieder den Spiegel vorhält und deinem Allerwertesten auch mal einen Tritt verpasst. Einer, der an dich glaubt, so ganz selbstverständlich, wenn du selbst gerade nicht in der Lage dazu bist, mit einem großen Herzen.

René Adler ist ehemaliger Fußball-Nationaltorhüter, Founder & Co-Founder mehrerer Start-ups, Speaker und TV-Experte.

Vorwort von Thomas Müllerschön

Karrierekiller aus der Sicht eines Konzernvorstands

»Mein erster Trainer-Lehrer hat zu mir gesagt: ›Keine Angst, Ernstl! Bei näherer Betrachtung schrumpft so mancher wilde Stier auf ein harmloses Öchslein zusammen.‹« So Ernst Happel über seine Anfangszeit als Trainer. In Auslegung der Worte dieses legendären österreichischen Fußballers und Fußballlehrers soll mein Vorwort mit einer näheren Betrachtung der Umstände und Herausforderungen beginnen, in denen Führungskräfte jedweden Alters heute handeln und wirken müssen. Diese Betrachtung ist von zentraler Bedeutung, da sich die Welt der Wirtschaft in den letzten Jahren ähnlich konsequent verändert hat und in den kommenden Jahren verändern wird wie die Welt des Sports.

Zur Veranschaulichung betrachten Sie bitte die Rahmenparameter eines Fußballspiels – der schönsten für mich vorstellbaren Sportdisziplin: Taktikverhalten, Anlaufverhalten, Zeitdauer zwischen Ballannahme und Ballspiel und so weiter. Diese gestalten sich im Jahr 2021 grundlegend anders als in früheren Jahren.

Doch gehen wir in das Management von Unternehmen und versuchen, den zu beobachtenden Wandel in den Rahmenbedingungen des wirtschaftlichen Handelns anhand folgender vier Thesen kurz zu skizzieren:

1. Das Schlagwort unserer Zeit ist »Agilität«

So wie ich dieses Wort verstehe, begegnet es den unglaublichen Herausforderungen, die eine Systemveränderung mit sich bringt, wie wir sie aktuell erleben. Fast alles muss sich ändern. Das reicht vom Finden »neuer Freude am Arbeitsplatz« bis hin zum »ökologischen Footprint«. Und wir haben gemeinsam ein Stadium erreicht, wo all das keine Marketingaspekte mehr sind und auch keine Aspekte zur strategischen Differenzierung am Markt – die große Veränderung wird zusehends zur Überlebensfrage für die Menschheit, für Staaten und auch in besonderer Weise für Unternehmen.

Wer erlebt hat, wie schwierig es ist, etwas in einem Unternehmen tatsächlich zu verändern, der weiß um die Notwendigkeit einer agilen Organisation – das heißt einer Organisation, die Veränderung in jedem Teil der Organisation zur Grundlage des Handelns macht.

Lässt sich das einfach herstellen? Nein.

Gibt es Erfahrungen dazu, die man nutzen kann? Ja. Die notwendigen Instrumente dafür sind verfügbar. Es braucht dafür eine Führung mit dem richtigen Mindset. Und dazu steht in diesem Buch von Holger Fischer eine ganze Menge.

2. Die Veränderung eines Unternehmens ist äußerst schwierig …

…, weil das Erfolgsprinzip von uns Menschen in der Konstanz und den dazu ausgeprägten Routinen liegt. Somit kommt die Veränderung eines Unternehmens der Quadratur des Kreises gleich – »anders«, aber an bestehende Routinen angeknüpft.

Ich betrachte die Mitarbeiterinnen und Mitarbeiter eines Unternehmens immer als eine Anzahl einzelner Individuen. Keiner ist »gleich«, in jeder und jedem steckt ein Potenzial, das noch nicht gehoben ist. Daneben aber gibt es auch Menschen, die relevante Ähnlichkeiten miteinander verbinden. So gibt es die Gruppe der »Bewahrer« und jene der »Veränderer«. Die einen sehen den Wert mehr im Bestand und in der Wertschätzung des Erreichten. Die anderen suchen das »Besser« im Neuen.

Diese Erkenntnis hat mir in der Führung von Unternehmen schon oft geholfen, und ich betrachte sie als einen wesentlichen Eckpfeiler für Veränderung, weil sie ein »Anders«, aber eben auf Basis der Ist-Situation ermöglicht.

3. Die Vertreter einer Organisation haben viele bewusste und jede Menge unbewusste Ziele, für die sie handeln

Eines muss zum Verständnis meiner Ausführungen unbedingt festgehalten werden: Egal, wie gut eine Strategie oder eine Konzeption formuliert ist, egal, wie gut sie in Ziele und Schwerpunkte heruntergebrochen wurde, und egal, wie perfekt die Prozesse dahingehend angepasst wurden – Menschen handeln emotional und nicht rational. Diese Tatsache trifft sogar Unternehmen mit größtem Automatisationsgrad.

Menschen handeln, um zu gefallen, um Anerkennung zu bekommen, um sich »abzusichern«. Letztgenannter Aspekt ist dabei der relevanteste. Durch Kenntnis und bewusstes Einsetzen dieses Aspektes hat man die Möglichkeit, für ein Unternehmen völlig unübliche und scheinbar unmögliche Allianzen zu schließen. Es sind aber genau diese Allianzen, die für Veränderung und das Durchbringen von neuen oder unangenehmen Entscheidungen oft unumgänglich sind.

Die Zielsetzung muss es sein, weniger zu »gefallen« und sich nicht falsch zu »verbrüdern«, um lange »bleiben zu dürfen«. Die

Führungskraft ist einzig und allein dem Geschäftserfolg und der Neuausrichtung verpflichtet. Auch für diesen Aspekt bietet das vorliegende Buch reichlich Ansatzpunkte bezogen auf den eigenen Karriereweg.

4. Das Rückgrat unserer Wirtschaft ist der Mittelstand und dabei das Familienunternehmen

Es gibt viel Literatur zum Thema Generationenwechsel und unendlich viele leidvolle Erfahrungen in diesem Bereich. Da gibt es Unternehmer, die zu lange »bleiben«, und Söhne und Töchter, die »zu früh« oder »zu spät« oder gänzlich ungeeignet zum Zug kommen.

Egal, ob es darum geht, eine Zeitspanne zu überbrücken oder eine objektivere Sichtweise in dieses Thema einzubringen: Die Führungskraft agiert als Vermittler zwischen den Welten. Auch bei diesem Thema ist es wichtig, dass es jemanden gibt, der ein Unternehmen erfolgreich führen kann und trotzdem glaubwürdig nicht »bleiben« will.

Manager agieren somit in komplexen sozio-ökonomischen Systemen, die große Anforderungen an die fachlichen, sozialen und methodischen Kompetenzen der Entscheidungsträger stellen. Stolperfallen oder Karrierekiller, der erklärte Gegenstand des Buches, sind dabei sehr häufig in den »weichen«, den sozialen Themenfeldern auszumachen.

In den fachlichen Disziplinen sind Führungskräfte in aller Regel stark ausgebildet und sicher in ihren Entscheidungen. In Fragen der Führung und in gruppendynamischen Prozessen jedoch fehlt diese Sicherheit gelegentlich, obwohl doch genau diese Aufgabenstellungen einen großen Teil der Arbeitszeit und des Anforderungsprofils einer Führungskraft – insbesondere in Linienfunktionen – ausmachen.

Allgemein formuliert sehe ich das größte Risiko eines Karriereknicks insbesondere im Verkennen und der falschen Einschätzung der unter 1. bis 4. formulierten Inhalte und in der aus meiner Wahrnehmung falschen Annahme, dass Menschen durchgängig rational agieren. Menschen agieren in weiten Teilen emotional und versuchen häufig, im Nachgang das emotionale Verhalten mit rationalen Argumenten zu begründen beziehungsweise abzusichern.

In Gesprächen mit Mitarbeiterinnen und Mitarbeitern konzentriert sich die Führungskraft häufig auf das »Was« der Kommunikation und vernachlässigt das »Warum« der Botschaft, wobei eben genau die Kenntnis des »Warum« helfen würde, die Motivationslage des Gegenübers besser zu erfassen und dementsprechend zu handeln. Ein Mitarbeiter fühlt sich dann sicher und agiert zielorientiert, wenn er die ihm übertragene Aufgabe versteht, diese beherrscht und als sinnhaft erachtet.

Die zentrale Aufgabe einer Führungskraft besteht darin, sicherzustellen, dass diese nachvollziehbaren Forderungen der Mitarbeiter stets gegeben sind und die Belegschaft somit jeden Tag einen Optimierungs- oder Differenzierungsbeitrag im Rahmen der Unternehmensstrategie zu leisten bereit ist.

Ohne Wirkung keine Handlung. Dieser allgemeingültige Grundsatz gilt uneingeschränkt auch im beruflichen Umfeld. Wirkung ist hierbei gleichzusetzen mit der Bereitschaft zu klarem und konsequentem Denken und Handeln und dem Mut, auch unangenehme Maßnahmen und Themenkomplexe unverzüglich und unmittelbar zu adressieren.

Eine am Montag getroffene Entscheidung muss am Mittwoch in der gleichen Weise getroffen werden, wenn sich keine grundsätzliche Veränderung der relevanten Entscheidungsparameter ergeben hat. Ist dies nicht der Fall, weicht die Berechenbarkeit der

Wankelmütigkeit mit negativer Konsequenz auf die zu erwartenden Handlungen der Mitarbeiterinnen und Mitarbeiter.

Der zeitliche Aufschub oder gar das Aussitzen einer unpopulären Entscheidung oder Maßnahme macht die Kommunikation derselben nicht einfacher und widerstandsfreier, sondern es besteht vielmehr das Risiko, das Heft des Handelns aus den Händen und auch an Respekt bei den beteiligten Personen zu verlieren.

Ein Vorgesetzter, der im Mitarbeitergespräch die Diskussion oder die Absage einer vom Mitarbeiter adressierten Gehaltserhöhung auf einen weiteren Termin in vier Wochen verschiebt, wird seine Position hierdurch nicht verbessern. In den vier Wochen wird sich seine Einschätzung nicht verändern, das Nein-Sagen wird jedoch aufgrund der Erwartungshaltung des Mitarbeiters noch schwieriger, und die Wahrscheinlichkeit einer Kompromisslösung, die weder vom Vorgesetzten noch vom Mitarbeiter dauerhaft geschätzt wird, steigt.

Abschließend soll deutlich festgehalten sein, dass es in einem Unternehmen wohl keine schönere und größere Aufgabe als die der Personalführung gibt. Vermutlich gibt es aber auch keine komplexere.

Die wichtigsten erfolgsbestimmenden Faktoren im Rahmen dieser Aufgabe und somit die innere Logik, die Kollision mit Karrierekillern zu vermeiden, sehe ich im Erkennen und der adäquaten Adressierung der psychologischen Seite im Führungs- und Veränderungsprozess sowie der kontinuierlichen Fokussierung und gezielten Weiterentwicklung des Bestehenden. Das Buch von Holger Fischer bietet eine umfassende Sicht auf das Thema Karriere und im Speziellen auch eine konstruktive Herangehensweise an die von mir angesprochenen Aspekte in der persönlichen Karriere.

Thomas Müllerschön ist CEO der seca group gmbh, ehemaliger CEO der Seifert Logistics Group, ehemaliger CFO des DEKRA e.V. / der DEKRA SE, ehemaliger Vorsitzender des Vorstands der Uzin Utz AG.

Prolog

In den letzten Jahren habe ich als Coach zahlreicher Profisportlerinnen und -sportler und zunehmend auch Unternehmerinnen und Unternehmer in der Wirtschaft sehr viele Karrieren begleitet. Meine Beobachtung beider Bereiche hat mir immer wieder gezeigt, wie Karrieren aus scheinbar unerfindlichen Gründen plötzlich ins Stocken geraten oder gar ganz scheitern. Mir wurde mit der Zeit klar, welche Faktoren eine Karriere beeinflussen – oder auch beeinträchtigen. Und sie liegen eben nicht nur und nicht einmal vorrangig im Außen, sondern in dem, was der Mensch selbst mitbringt: in seiner Persönlichkeit, seinen Prägungen und Erfahrungen, in seinem Umgang mit dem, was von außen auf ihn zukommt. Faktoren, die jeder Mensch beeinflussen kann – wenn er sie denn kennt und weiß, wie er mit ihnen umgehen kann. Erfolg ist planbar, zumindest zu 98 Prozent, über die restlichen 2 Prozent entscheidet dann eine andere, höhere Ebene.

Mein großes Anliegen ist es, Menschen auf ihrem Weg dabei zu unterstützen, dass es für sie leichter wird, ihre Ziele zu erreichen. Dass es für sie einfacher wird, die Karriere zu machen, die sie wollen und die zu ihnen passt. Auch dieses Buch folgt diesem Anliegen – es ist in diesem Sinne Hilfe zur Selbsthilfe.

Karrieren verlaufen immer nach dem gleichen Muster, dabei aber niemals linear und vor allem nicht ausschließlich nach oben.

Seit Jahrzehnten arbeite ich mit Profisportlerinnen und -sportlern, und darunter sind viele Menschen, die es bis ganz an die Spitze geschafft haben. Mir war es immer wichtig, all die Erfahrung, die ich mit ihnen gesammelt habe, in den Bereich der Wirtschaft zu übertragen. Dass mir das gelungen ist, ist daran zu erkennen, dass ich mittlerweile auch zahlreiche Unternehmerinnen und Unternehmer sehr erfolgreich coache. Ich verstehe beide Welten, ich kenne auch die Unterschiede, und es interessiert mich, wie Menschen in der Wirtschaft von den Erfolgsgeheimnissen des Profisports profitieren können. In beiden Welten ist die Frage entscheidend: Welche Mechanismen machen den Erfolg aus? Und wie schnell ist er machbar?

Dieses Buch ist das richtige für dich, wenn du etwas erreichen willst. Das kann ein klassisches Karriereziel beinhalten – einen Titel, eine Position, eine bestimmte Art von Erfolg in Sport oder Wirtschaft. Es kann aber auch irgendein anderer Schritt in deinem Leben sein, den du schaffen möchtest und der vielleicht mit Beruf und/oder Geld gar nichts zu tun hat.

Du bist hier genau richtig, wenn du mit dem Ist-Zustand nicht zufrieden bist und mehr willst.

Karriere bedeutet für mich, einen Weg hin zu einem bestimmten Ziel zu gehen. Ich verwende den Begriff »Karriere« völlig wertfrei. Es geht nicht immer darum, ob es am Ende gelingt und an die Spitze führt, sondern Karriere ist für mich der Weg. Der Weg auf ein bestimmtes Ziel zu. Wo dieses Ziel für dich liegt, ist deine Sache. Das legst du fest – und auch dabei kann dir dieses Buch helfen. Es muss nicht immer die große Businesslaufbahn sein. Deine Karriere kann auch woanders liegen. Überall dort, wo du etwas erreichen willst.

Im Kern wollen wir alle das Gleiche: zufrieden und erfüllt leben. Sehr oft wird der Begriff Karriere damit in Verbindung gebracht, dass wir leiden, dass wir auf Freizeit, auf Familie, Freundschaften, auf den Genuss im Leben verzichten, um uns mit zusammengebissenen Zähnen nach oben zu kämpfen und uns gegenüber anderen durchzusetzen. Für mich sieht eine erfolgreiche Karriere anders aus – und in der heutigen Zeit umso mehr. Denn die meisten Menschen heute und erst recht die jüngeren Generationen wollen etwas vom Leben haben.

Für mich heißt Karriere, nachhaltig Erfolg zu haben, dabei gesund und erfüllt zu sein, mich mit anderen Menschen verbunden zu fühlen, etwas für mich Sinnstiftendes zu tun und das Ganze möglichst mit maximalem Spaß zu erleben. Es ist die einfache Frage: Willst du leben, um zu arbeiten? Oder willst du arbeiten, um zu leben? Wenn du bei der zweiten Frage Ja sagst und zugleich etwas erreichen und deine Fähigkeiten ausleben willst, dann bist du hier genau richtig.

Das Erfolgsrad drehen

Ich freue mich sehr, dass in diesem Buch sehr viele meiner aktuellen und ehemaligen Klientinnen und Klienten aus dem Profisport und der Businesswelt selbst zu Wort kommen. Über zwanzig von ihnen aus den unterschiedlichsten Bereichen und Sportarten, die ich zum Teil seit vielen Jahren kenne, habe ich stellvertretend für alle gebeten, mir zu schreiben, was Karriere für sie bedeutet, was sie fördert und was sie als Karrierekiller kennengelernt haben. Und, wenn sie wollten, wie sie die Zusammenarbeit mit mir empfunden haben.

Du findest ihre Antworten immer wieder eingestreut in den Kapiteln dieses Buches. An ihnen kannst du auch sehen, wie unterschiedlich erfolgreiche Frauen und Männer den Begriff »Karriere« teilweise definieren, was als Karrierekiller und was als Voraussetzung für den Erfolg gesehen und beschrieben wird.

Ich habe diese Profisportler und Unternehmer ganz bewusst gebeten, unterstützende Kriterien für ihre Karriere zu nennen, die *nichts* mit Fleiß und mit Talent zu tun haben. Beides gehört einfach dazu, wenn man sich bestimmte Ziele setzt und sie erreichen will. Man muss die dafür nötigen Fähigkeiten haben (oder erwerben) und bereit sein, etwas für diese Ziele zu leisten.

Was aber macht es darüber hinaus aus, ob jemand Karriere macht – oder eben nicht? Es gehört mehr dazu. Andernfalls könnte jeder talentierte Profisportler, jede gut ausgebildete Unternehmerin sagen: Ich arbeite fleißig zwölf Stunden am Tag, und dann werde ich ganz automatisch mein Ziel erreichen. Genau das klappt eben nicht immer, weil noch viel mehr Faktoren mitspielen. Es lauern Karrierekiller in den unterschiedlichsten Bereichen – sie zu kennen, in den eigenen Lebensabschnitten zu erfassen und gegensteuern zu können, das macht den Erfolg aus. Und darum geht es in diesem Buch.

Ich möchte den Begriff »Karriere« entemotionalisieren. Karriere ist für mich einfach ein Weg von A nach B, mitsamt vieler Aufgaben, Erfolge und Hindernisse.

Die Basis dieses Buches stellt ein Rad mit zwölf Speichen dar: das Rad des Erfolges. Ein Rad als Basis für eine gelungenen Karriere. Jede seiner zwölf Speichen steht für einen Bereich deines Lebens, der deine Karriere unterstützen, aber auch killen kann. Wenn alle diese zwölf Speichen stabil sind, rollt das Rad problemlos. Ist mal eine Speiche angebrochen oder sogar durchgebrochen, dann rollt das Rad möglicherweise immer noch. Sind aber schon zwei Speichen betroffen, wird es allmählich holprig, und es wäre sinnvoll, sich zuerst darum zu kümmern, diese Speichen zu reparieren, bevor man weiterfährt.

Sind schon drei Speichen angeknackst, kommt es meistens zum Crash. Das Rad eiert vielleicht noch vorwärts, aber von »rund« oder gar Erfolg kann man nicht mehr reden. Die Gefahr, dass die anderen Speichen auch noch kaputtgehen, ist riesig und steigt kontinuierlich weiter an.

Spätestens an dieser Stelle scheitern Karrieren – und mit diesem Buch will ich dein Bewusstsein für die vielen möglichen Karrierekiller öffnen und schulen und dir zeigen, wie du dein Rad des Erfolges stabil und rund halten kannst.

Die größten Fehler werden meistens im Erfolg gemacht. Wenn uns die Krise schon bewusst ist, dann versuchen wir sowieso gegenzusteuern. Wenn aber alles gut läuft, kann es nur allzu leicht passieren, dass wir unachtsam werden und immer mehr wollen, ohne auf die wahren Parameter des Erfolges zu achten. Dann rasen wir weiter, obwohl schon die ersten Speichen klappern.

Wie du dieses Buch nutzen kannst

Dieses Buch ist für Menschen, die etwas erreichen wollen. Und die dabei auch noch leben wollen, die dabei glücklich und gesund sein wollen. Es ist für Menschen, die sich nicht zwischen Karriere und Leben entscheiden, sondern beides haben wollen.

Es zeigt, wie sich beides verbinden lässt – oder besser gesagt: wie beides sowieso immer unmittelbar zusammenhängt und wie du dieses Wissen für deine Karriere nutzen kannst. Wenn du also mit diesem Buch arbeitest, dann wird es dein ganzes Leben betreffen, nicht nur deinen Beruf oder deinen Sport.

Alles, was ich hier schreibe, beruht auf meiner Erfahrung im Leben und in der Arbeit mit meinen Klientinnen und Klienten. Es sind Erkenntnisse, die ich über die Jahrzehnte gewonnen habe, die für mich ihre tiefere Logik immer wieder bestätigt haben und die offensichtlich zumeist auch den Menschen weiterhelfen, die zu mir kommen und sich teilweise schon zehn Jahre oder länger von mir begleiten lassen.

Ich schreibe es ohne großes Drumherum, auf den Punkt, praxisnah, mitten aus dem Leben.

Nutze daraus, was immer dir stimmig erscheint, was dich anspricht oder vielleicht auch erst mal triggert und wo du überhaupt nicht hinschauen möchtest. Und noch ein Hinweis: Auch wenn ich es nicht jedes Mal extra ausdrücke, spreche ich mit diesem Buch Männer und Frauen gleichermaßen an, einfach jeden Menschen, der sich angesprochen fühlt.

In den Porträts der erfolgreichen Sportler und Unternehmer, die ins Buch eingestreut sind, schrieben einige auch über unsere gemeinsame Zeit. Natürlich freuen mich ihre wertschätzenden Worte, weil sie mir zeigen, dass ich auf einem sehr guten Weg bin und einiges bewege. Ich habe diese Passagen hier aber vor allem deshalb mit aufgenommen, weil sie dir zeigen, was es ausmachen kann, mal über den eigenen Schatten zu springen und wie wichtig möglicherweise auch für dich ein Coaching oder eine Supervision oder eine ähnlich geartete Begleitung durch einen Außenstehenden sein könnte.

Reflexion: Dein Karrierebuch

Anders als in meinem ersten Buch *Sie sind Ihr bester Coach* liegt diesem Buch kein extra Arbeitsbuch bei. Absichtlich nicht, denn es geht hier stärker darum, dass du reflektierst, wo du stehst, wohin du willst und was dich ausmacht und deine Karriere möglicherweise behindert. Dafür braucht es keine speziellen Übungen.

Ich werde dir in diesem Buch immer wieder reflektierende Fragen anbieten. Leg dir dafür am besten ein Notizheft oder ein schönes Buch mit weißen Seiten zurecht, schreib als Titel »Meine Karriere« oder »Mein Handbuch für meine Karriere« darauf, schreib deinen vollständigen Namen darunter und notiere dir dann im Buch immer wieder deine Antworten.

Lass dieses Extrabuch zu deinem Begleiter deiner Karriere werden. Schreib dir darin alles auf, was dir beim Lesen meiner Zeilen auffällt, was sie in dir anstoßen und was sich daraus für dich in deiner Karriere ergibt. Du bist aber auch sehr gern eingeladen, eigene Fragen oder auch auf meine Fragen aufbauende Fragen mit in dein Buch zu nehmen und selbstverständlich auch zu beantworten.

Mit diesem Buch möchte ich dir ein klareres Verständnis und grundlegendes Handwerkszeug für deinen eigenen Karriereweg mitgeben. Nicht in fachlicher oder technischer Hinsicht – was dafür nötig ist, weißt du bereits, oder du eignest es dir entsprechend an. Aber in Hinsicht auf all das, was dich als Mensch, als Individuum inmitten anderer Menschen und Individuen unterstützen kann. Denn dort liegen die Faktoren, die Sieger ausmachen.

Viktor Frankl schrieb, dass zwischen einem Reiz und unserer Reaktion darauf ein Raum ist. Genau darin liegt unsere Macht, genau in diesem Raum können wir eine Reaktion wählen. Unsere Entwicklung und unsere Freiheit sind eng damit verbunden, wie wir reagieren.

Ich wünsche mir für dich, liebe Leserin, lieber Leser, dass dir dieses Buch dabei hilft, die Ziele zu erreichen, die du dir selbst gesteckt hast. Und sei bitte nicht überrascht, wenn deine Ziele nach deiner Arbeit mit diesem Buch sogar übertroffen werden oder deutlich früher eintreten ...

Jessica von Bredow-Werndl

Wie definierst du den Begriff »Karriere«?
Karriere ist für mich eine Möglichkeit, mich und meine Liebe zu dem, was ich tue, zum Ausdruck zu bringen und dabei als Persönlichkeit zu wachsen.

Welches sind deine drei bis fünf Schlüsselfaktoren für eine erfolgreiche Karriere?
Das Wichtigste für mich sind die Freude und die Faszination für das, was ich tue. Wichtig sind für mich Ziele, auf die ich hinarbeite, und dass ich trotzdem den Fokus immer wieder auf das Hier und Jetzt richte, auf den nächsten Schritt, der zu tun ist.

Was sind für dich die drei bis fünf größten Karrierekiller?
Verbissenheit und zu vergessen, warum ich tue, was ich tue. Sich selbst zu viel Druck zu machen und anderen etwas beweisen zu wollen.

Deine Arbeit mit Holger

Ich arbeite seit knapp zehn Jahren mit Holger. Angefangen, als ich überlegt hatte, meine Reitkarriere an den Nagel zu hängen, heute als dreifache Europameisterin und Doppel-Olympiasiegerin. Holger hat mir sehr geholfen, genau hinzusehen, auch meine Ängste anzunehmen und mein Potenzial mehr und mehr zum Ausdruck zu bringen.

Jessica von Bredow-Werndl *ist mehrmalige Welt-, mehrfache Europameisterin (Triple 2021!) und Deutsche Meisterin im Dressurreiten, außerdem Doppel-Olympiasiegerin 2021 in Tokio.*

Die Gesetzmäßigkeiten von Karrieren

»Viel hilft nicht immer viel.«

Spruch

Die Gallup-Studie 2019 ergab, dass nur 15 Prozent der Arbeitnehmer in Deutschland eine hohe emotionale Bindung an ihren Arbeitgeber haben und entsprechend motiviert sind.[1] Der Prozentsatz derer, die ihren Arbeitgeber sogar hassen, ist seit Jahren erschreckend hoch. Stell dir das einmal vor! All diese Menschen verbringen einen Großteil ihrer Zeit im Job und sind dabei voller negativer Emotionen. Kein Wunder, dass das Wort »Karriere« für viele negativ behaftet ist.

Klar, nicht jeder Mensch kann (und will) Karriere machen, wenn Karriere bedeutet, an die Spitze zu kommen und Millionen zu verdienen. Aber jeder kann Karriere machen, wenn Karriere bedeutet, sich persönlich lohnende Ziele zu setzen und darauf zuzugehen.

Was, wenn Karriere kein Wettlauf gegen andere ist, sondern vielmehr ein Lauf auf die Ziele zu, die dich motivieren und begeistern?

---

1 https://www.personalwirtschaft.de/fuehrung/artikel/deutsche-arbeitnehmer-bemaengeln-fehlende-unterstuetzung-bei-digitaler-weiterbildung.html (zuletzt abgerufen im September 2021).

Was ist denn der Sinn davon, Karriere zu machen? Das fragen sich zu Recht immer mehr Menschen. Und wer den Erfolg bereits kennt, in welcher Größenordnung auch immer, weiß, wie erfüllend es sein kann, sich als selbstwirksam zu erleben und das zu schaffen, was man sich vorgenommen hat. Die eigenen Fähigkeiten einzusetzen und weiter auszubauen. Zu beobachten, wie Dinge gelingen, die man aus eigener Kraft angestoßen hat.

Dazu kommt: Wer wirklich erfolgreich ist, kann etwas bewegen – in seinem Umfeld, in seinem Unternehmen, in der Welt! Ein solcher Mensch kann dafür sorgen, dass auch andere in ihre Kraft kommen. Er kann dann beispielsweise einen ganz anderen Spirit in das Unternehmen bringen, sodass dort vielleicht nicht mehr so viele Menschen ihren Job verachten, krank werden oder ihre Vorgesetzten hassen.

Es ist immer mein Wunsch, mein Ziel, dass es durch meine Arbeit denen besser geht, die ich coache. Dass diese Menschen ihren zunehmenden Erfolg dann aber auch dafür nutzen, dass es weiteren Menschen in ihrem Umfeld gut geht. Dass Karrieren sinnstiftend und insgesamt förderlich sind.

Was willst du erreichen in deinem Leben?

Das ist die zentrale Frage. Alles beginnt damit, was du eigentlich willst. Was du wirklich willst. Einfach nur »Karriere machen« zu wollen, ist zu wenig. Du musst wissen, was du willst, wofür es sich lohnt, wofür du bereit bist, auch Hindernisse zu überwinden.

Reflexion:
Was heißt Karriere für mich?

- Was bedeutet Karriere für mich? Ist der Begriff positiv oder negativ besetzt? Was heißt Karriere für mich?
- Was möchte ich erreichen? Beruflich, familiär, im Leben allgemein?
- Wie will ich leben?
- Was ist mir wirklich wichtig?
- Was macht mich wirklich glücklich im Leben?
- Wobei empfinde ich den größten Spaß in meinem Leben?
- Was fällt mir in meinem Leben am leichtesten, was am schwersten?
- Wie möchte ich mit Menschen, mit Mitarbeitern umgehen?
- Was ist mein größtes Ziel?
- Was sind meine nächsten Zwischenziele? Welche Themen kommen gerade um die Ecke, um die ich mich aktuell kümmern sollte, um mein großes Ziel weiterverfolgen zu können?

Bei meinen Klientinnen und Klienten bemerke ich ganz unterschiedliche Motive für ihre Karriere. Manche kennen von klein auf gar nichts anderes, als sich immer weiter zu immer höheren Leistungen zu pushen. Wenn das aus irgendwelchen Gründen nicht mehr funktioniert, geraten sie in eine Krise. Und dort heraus finden sie dann, wenn sie sich fragen, was sie wirklich wollen. Dann kann die Karriere weitergehen oder eine andere Richtung einschlagen.

Manche scheuen sich auch, von Karriere zu sprechen. Entweder weil sie das Gefühl haben, dass dann vom Leben nichts mehr übrig bleibt und sie nur noch Kampf und Anstrengung erfahren. Der Preis für eine Karriere scheint ihnen zu sein, keine erfüllenden Beziehungen, keine Freizeit und keinen Sinn mehr für irgendetwas anderes als die Arbeit im Leben haben zu können. Und das stimmt natürlich nicht, so muss Karriere überhaupt nicht aussehen.

Oder sie sprechen nicht gern von Karriere, weil sie Karrieristen im Sinn haben, die nur noch aus Narzissmus und Egoismus heraus zu agieren scheinen. Und so wollen sie nicht sein. Sie verzichten damit aber auf eine gesunde Karriere, auf einen Erfolg, der nicht nur zu ihnen passt, sondern auch ohne große Probleme erreichbar ist.

Wenn Karriere einfach der Weg auf ein Ziel zu ist, das du dir selbst setzt, dann lohnt sie sich in jedem Fall. Dann kannst du nur gewinnen.

Wenn du weißt, dass du etwas erreichen willst, dann solltest du dich damit beschäftigen, welchen Gesetzmäßigkeiten Karrieren folgen.

Ich komme aus dem Profisport und leite mein Wissen um Karrieren und damit auch Karrierekiller sehr stark von den dortigen Gesetzmäßigkeiten ab.

Ein großer Unterschied zwischen einer Karriere im Sport zu der in einem Unternehmen liegt darin, dass man im Sport früher und häufiger Prüfungen zu bestehen hat. Sobald man sich ein Ziel setzt, wird man damit konfrontiert, wie weit entfernt man davon noch ist. Die Laufzeit ist nicht schneller, als sie momentan ist. Die Technik am Ball ist nicht besser, als sie momentan ist. Und das Zeitfenster, in dem man Karriere machen kann, ist sehr eng. Dazu kommt im Profisport, dass sämtliche Entwicklungsschritte, Erfolge und auch Misserfolge deutlich mehr, intensiver und emotionaler von der Öffentlichkeit wahrgenommen werden. Ein enormer Druck, mit dem man zurechtkommen muss und an dem viele hoffnungsvolle Karrieren leider frühzeitig scheitern.

Hat man beispielsweise während der Saison im Fußball jeden Samstag seine Prüfung, finden sie in Unternehmen vielleicht einmal im Quartal oder sogar im Halbjahr statt, wenn Zahlen präsentiert werden müssen oder ein sogenanntes Mitarbeitergespräch stattfindet.

Die Mechanismen sind die gleichen, die zeitlichen Abläufe aber sind unterschiedlich. Da Sportkarrieren zeitlich so stark verdichtet sind, lässt sich daraus wie unter einem Brennglas ablesen, was den Erfolg ausmacht – und was ihn killen kann. Das gilt auch im Business.

Die fünf B einer Karriere

An den Reaktionen von außen lässt sich gut erkennen, welche Schritte in einer Karriere immer wieder durchlaufen werden. Sobald du dir ein Ziel setzt und es wirklich verfolgst, wirst du nacheinander mit den fünf berühmten B's konfrontiert:

1. Du wirst belächelt.
2. Du wirst bekämpft.
3. Du wirst beneidet.
4. Du wirst bewundert.
5. Du kannst bewegen und bestimmen.

Die meisten Menschen bleiben irgendwo zwischen zwei und drei hängen, sie werden abwechselnd bekämpft und beneidet, schaffen es aber nicht, über diese Stufen hinauszukommen.

In typischen Unternehmen mit ihren Hierarchien kommt jeder, der Karriere macht, irgendwann in Positionen, wo er Druck von oben ebenso wie von unten bekommt. Er wird bekämpft, und er wird beneidet. Das halten viele nicht aus. Wer hier aber dranbleibt und weitergeht, wird schließlich irgendwann bewundert. Und ab jetzt ist es ihm möglich, auch tatsächlich etwas zu bewegen und über wesentliche Belange zu bestimmen. Das ist das fünfte B, das nicht mehr von außen kommt, sondern aus dir heraus.

Reflektiere mal, wo du gerade stehst. Und vielleicht auch, welche Phasen du aus anderen Lebensphasen kennst. Den aktuellen Standpunkt offen und ehrlich markieren zu können, ist die beste Basis dafür weiterzugehen.

Notwendige Konsolidierungsphasen

Dieses äußere Weitergehen ist gar nicht immer das Entscheidende bei einer Karriere. Wesentlich ist der Umgang mit den Zeiten, in denen nichts vorwärtsgeht. Wenn es läuft, dann läuft es, und du läufst mit.

Was aber, wenn es stockt, wenn du gestoppt wirst, wenn es sich zäh anfühlt? In diesen Zeiten ist es am wichtigsten, über die grundlegenden Gesetze von Karrieren informiert zu sein.

Du kennst es sicher: Wenn du Erfolg hast, willst du mehr. Bekommst du mehr, willst du schneller mehr. Unweigerlich wirst du aber immer wieder Phasen erreichen, in denen (scheinbar oder wirklich) nichts mehr vorangeht. Du kommst irgendwo an und musst dich dort erst einmal zurechtfinden, dich auf dieser Stufe deines Weges konsolidieren. Das kostet Zeit – und diese Zeit geben sich viele nicht, weil sie sofort die nächsthöhere Stufe erreichen wollen. Sie spüren den Erfolgsflow und denken – oder besser: erwarten –, dass es jetzt immer so weitergeht. Aber es geht halt nicht immer so weiter. Und wie heißt es dann so treffend?

Gier frisst Hirn.

Natürlich können sich Erfolge sehr schnell einstellen. Dein Unterbewusstsein braucht aber bis zu anderthalb Jahre, um sich auf die neue Stufe einzustimmen und diese voll und ganz zu manifestieren.

Das ist vergleichbar mit deinem Körper: Wenn du beginnst, ihn muskulär auszubilden, geht das am Anfang sehr einfach und schnell. Leider brauchen dann die Gelenke, Bänder und Sehnen deutlich länger, um mitzuwachsen und stabil zu werden.

Nach einem bestimmten sportlichen Erfolg, ab einer bestimmten höheren Hierarchiestufe, nach dem Knacken einer bestimmten Zielmarke bist du ein anderer Mensch, ob du willst oder nicht. Du wirst von deinem Umfeld – im Sport und in der Kultur oftmals sogar von der Öffentlichkeit – anders wahrgenommen und bekommst zum Beispiel mehr Geld und Aufmerksamkeit. In dir bist du aber immer noch der gleiche Mensch. Die Veränderung muss erst ganz in dir ankommen und verarbeitet werden, gleichzeitig steigen aber die Erwartungen von außen an dich und auch die von dir selbst.

Dies ist ein Prozess, den die meisten Menschen kolossal unterschätzen und der sowohl körperlich als auch emotional Schmerzen verursachen kann, von denen sich leider viele großartige Menschen, vor allem im Profisport, niemals mehr erholt haben. Nicht wenige Karrieren enden dann, bevor sie richtig angefangen haben.

Denk zum Beispiel an das »Sommermärchen« 2006. In der darauffolgenden Saison waren meiner Beobachtung nach 16 von 23 der Nationalspieler, die dort einen riesigen Erfolg feiern konnten, zum Teil schwer verletzt.

Erfolg verändert uns. Mehr Geld verändert uns. Eine höhere Stufe in der Hierarchie verändert uns. Unser Inneres aber wächst nicht so schnell.

In uns muss sich alles nachjustieren. Und genau dafür brauchen wir Konsolidierungsphasen. Sich diese Phasen nicht zu erlauben und sich sofort weiter nach vorn und nach oben zu boxen, kann ganz schnell zum Karrierekiller werden und mehrere Speichen des angesprochenen Erfolgsrades instabil werden lassen.

Für Unternehmer ist es völlig klar, dass etwas nachjustiert werden muss, wenn die Betriebsbilanz eine Zeit lang steil nach oben ging. Vielleicht braucht es neue Strategien, neue Ideen, am Produkt oder an der Angebotspalette muss etwas verändert werden, das Unternehmen braucht mehr Mitarbeiter oder eine andere Struktur und so weiter. Es braucht ein Innehalten und Überprüfen, wie es weitergehen könnte.

Uns selbst geben wir eine solche Phase des Justierens meist nicht. Dabei kennen wir sie ganz selbstverständlich aus unserem Leben. Nach der Pubertät, als wir uns neu positioniert hatten, gab es eine Phase der Konsolidierung. Nach der Lehre oder dem Abitur ebenso, nach dem Studium auch. Nach einer Heirat oder der Geburt eines Kindes. Bei einem Wechsel im Job. In der Lebensmitte, wenn wir uns in der berühmten Midlife-Crisis fragen, wo wir stehen und wohin wir jetzt eigentlich wollen. Genau solche Phasen sind nötig. Ohne sie gäbe es keine Weiterentwicklung. Und genauso ist es auch im Beruf. Dort aber erkennen wir sie im Erfolgsflow oft nicht – Gier frisst Hirn, wie gesagt. Und irgendwann werden wir dann von außen oder eben durch uns selbst gestoppt.

In einer solchen Phase der Karriere geht es oftmals nicht direkt um die beruflichen Dinge. Die anderen Speichen des Rades können genau jetzt die wichtigeren sein. Vielleicht musst du dich mal wieder um deine Beziehung kümmern, um deine Gesundheit, darum, ob du dich schon ausreichend von deinen Eltern und den Prägungen deiner Kindheit gelöst hast, um wirklich weiter auf deinem Karriereweg unterwegs sein zu können. Es geht darum, zu reflektieren: Warum bin ich überhaupt so erfolgreich? Was bedeutet Erfolg für mich? Was möchte ich im Weiteren?

Reflexion: Fragen, wenn die Karriere stockt

- Was bedeutet Erfolg für mich? Was bedeutet mir Karriere?
- Was macht meinen bisherigen Erfolg aus?
- Warum bin ich erfolgreich?
- Warum schaffe ich es, meine Ziele zu erreichen?
- Was antwortest du? Gerade auf diese letzte Frage? Fleiß und Talent? Diese beiden sind nicht relevant. Sie sind eine notwendige Voraussetzung für Erfolg. Zugleich: Viel hilft nicht immer viel, manchmal ist weniger mehr. Die Frage ist: Warum schaffst du es, erfolgreich zu sein? Was macht es aus?

Schreib dir deine Antworten in dein »Karrierebuch«, in das Buch mit den anfangs noch leeren Seiten, das dich beim Lesen dieses Buches hier begleitet. Es lohnt sich übrigens auch, alle hier im Buch hervorgehobenen Sätze herauszuschreiben und mal schriftlich darüber zu reflektieren.

Dieses Reparieren und Neu-Justieren wird immer wieder nötig sein. Und selten wirst du es in voller Fahrt machen können. Es braucht dafür die Phasen der Konsolidierung. Du hältst an – oder wirst gestoppt – und schaust dir die einzelnen Speichen deines Erfolgsrades an. Wo klappert es? Wo ist etwas kaputt? Wo hat sich etwas noch gar nicht so weit entwickeln können, wie du es jetzt brauchst? Welche Speiche muss vielleicht auch ganz ausgewechselt werden?

Dafür musst du anhalten, was manchmal vielleicht auch einfach nur ein kurzes Innehalten ist. Mach es bewusst, das An- oder Innehalten, denn irgendwann wirst du es sowieso tun müssen. Es geht freiwillig frühzeitig oder gezwungenermaßen etwas später. Und zumeist ist das dann mit körperlichen oder/und emotionalen Schmerzen verbunden.

Also sei schlau und weise. Du musst nicht darauf warten, bis dich das Leben auf irgendeine Weise stoppt oder ausbremst. Du kannst proaktiv nachschauen, wie es deinen Speichen geht. Wenn du auf deinem Weg viel Gas gibst, ist es sinnvoll, regelmäßig und etwas öfter nachzuschauen. Wenn du gemächlich fährst, reicht es vielleicht, wenn du jedes Jahr oder alle zwei Jahre mal nachschaust. Wenn du Vollgas gibst, ist die Beanspruchung größer, und du solltest dir öfter Zeit einräumen, um dein Erfolgsrad zu pflegen. Einfach mal innehalten und prüfen, wie es um die einzelnen Speichen bestellt ist. Ob deine Ziele noch zu dir passen oder du sie neu bestimmen willst. Ob die Zwischenziele noch stimmen, ob der Weg der richtige ist.

Viel hilft nicht immer viel, manchmal ist weniger mehr.

Es ist nicht das Ideal einer gelungenen Karriere, dass es immer aufwärtsgeht. Ich denke, so etwas wird man, wenn überhaupt, nur sehr selten finden. Das Ideal einer Karriere ist es, dass sich Aufwärtsphasen mit Konsolidierungsphasen abwechseln. Und aus meiner Sicht gehört es zum Ideal einer Karriere auch dazu, dass es Rückschritte gibt, Krisen und Schwierigkeiten. Denn genau daraus lernen wir und eröffnen uns neue Potenziale für den weiteren Weg. Erfahrung bedeutet nichts anderes als die Summe der gemachten Fehler und das, was wir – hoffentlich – daraus gelernt haben.

Die positiven Erfahrungen verflüchtigen sich leider mit der Zeit, während die schmerzhaften, mit negativen Emotionen behafteten Erfahrungen stets mehr oder weniger präsent sind und unser Verhalten maßgeblich mit beeinflussen oder gar prägen.

Ohne Schwierigkeiten und Zeiten scheinbarer Stagnation gibt es keinen Fortschritt. Egal wie hoch motiviert du bist, wie positiv du denkst, wie sehr du an dich glaubst – es geht nicht immer nur bergauf. Und genau in den schwierigen Momenten erkennst du, wie du tickst, was dich innerlich bremst, ob du das richtige Umfeld hast und welche Fähigkeiten noch in dir schlummern. Genau das brauchst du für deine Karriere. Wenn es nie durch Hindernisse geweckt würde, kämst du nicht weit.

Reflexion: Fragen für eine Phase der Konsolidierung oder die Midlife-Crisis

- Bin ich noch auf dem richtigen Weg?
- Macht mir das, was ich tue, noch Spaß?
- Liebe ich das, was ich tue?
- Sind mir meine Ziele klar?
- Stimmen meine Ziele noch?
- Bin ich mit den richtigen Menschen zusammen?
- Halte ich rechtzeitig inne?
- Ist mit meiner Familie alles geklärt, was geklärt werden muss oder geklärt werden sollte?

- Bin ich ehrlich zu mir selbst und zu den anderen?
- Was tue ich, um die Konsolidierungsphase sinnvoll und zielführend zu nutzen?
- Muss ich etwas verändern und wenn ja, was ist es?

Der »…ieren«-Prozess von Karrieren

Ich möchte dir einmal schematisch aufschlüsseln, wie die meisten Leute in ihrer Karriere (leider) vorgehen – und dann, wie es für einen Erfolg, eine Karriere sein sollte.
So machen es die meisten:

- Ziele gedanklich definieren,
- die Inhalte emotionalisieren,
- den Weg dahin strukturieren,
- sich selbst und andere navigieren,
- nach möglichst schnellen Erfolgen gieren,
- in dieser Phase nicht mehr oder wenig reflektieren,
- auf nix und niemanden reagieren,
- nötige Konsolidierungsphasen ignorieren,
- nach noch mehr und noch schnelleren Erfolgen gieren,
- emotional und körperlich degenerieren,
- in den Leistungen schließlich stagnieren,
- im Umfeld Unterstützer verlieren,
- mit all dem die Karriere ruinieren …

Und so sollte es sein:

- Ziele gedanklich und schriftlich definieren,
- die Inhalte emotionalisieren,
- den Weg dahin strukturieren,
- sich selbst und andere navigieren,

- immer wieder mit sich und anderen den Status quo reflektieren,
- auf alles sinnvoll reagieren,
- bewusst immer wieder konsolidieren,
- in dieser Zeit Schwachstellen definieren,
- diese eliminieren,
- Neues finden und nachjustieren,
- Wesentliches verbalisieren,
- das unterstützende Umfeld stabilisieren,
- die Karriere immer neu dynamisieren …

Tobias Angerer

Wie definierst du den Begriff »Karriere«?
Eine Karriere ist ein Weg, der selten gerade zum Ziel verläuft. Ähnlich wie eine Langlaufloipe, es geht rauf, es geht runter und es gibt Kurven. Man nimmt viele Erfahrungen und Dinge mit, ob positiv oder auch negativ, aber genau die helfen dir, deiner Karriere immer wieder einen neuen Schub zu geben. ☺

Welches sind deine drei bis fünf Schlüsselfaktoren für eine erfolgreiche Karriere?
Quälen kommt von Qualität. Dazu Motivation, Wissensdurst, Durchhaltevermögen, positive Einstellung, positive und negative Erfahrungen sammeln, Inspiration, Kommunikation.

Was sind für dich die drei bis fünf größten Karrierekiller?
Sich selbst zu viel Druck machen, Monotonie, sich zu viele Gedanken machen, nicht auf die eigenen Stärken vertrauen, Ablenkung!

Deine Arbeit mit Holger

Ich hatte so um 2010 eine schwere Phase. Fragte mich, wer ich eigentlich bin, was mich antreibt. Ich war an einem Scheidepunkt, ob ich noch den Antrieb habe, weiter Skilanglauf auf allerhöchstem Niveau zu betreiben. Durch Holger habe ich mich wiedergefunden, ich wusste wieder, wer ich bin, hab meine Persönlichkeit, meine Identität entdeckt und meinen Instinkt wiedergefunden. Das war ein »big Turnaround« in meiner Karriere. Zwei Monate später stand ich bei der WM in Oslo 2011 wieder am Start, konnte es genießen und war ich selbst. Ich gewann Bronze mit der Staffel und bin in jedem Einzelrennen bis zum Schluss um die Medaillen gelaufen. Platz 6, 7 und 9. Ich war wieder glücklich und wusste, warum ich meinen Sport so liebe. ☺

Tobias Angerer *ist mehrfacher Medaillengewinner im Skilanglauf bei Olympia und bei Weltmeisterschaften sowie zweimaliger Gesamtweltcupsieger und Gewinner der ersten Tour de Ski. Aktuell Inhaber einer Marketingagentur.*

Die neue Balance zwischen »hart« und »weich«

Karrieren sind selten ein Produkt der Hardfacts. Wie gesagt: Talent und Fleiß gehören immer dazu. Was eine gelungene Karriere ausmacht, was manche Menschen herausstechen lässt, sind die Soft Skills: Wie geht jemand mit sich selbst um? Wie geht jemand mit anderen Menschen um, mit Vorgesetzten und Mitarbeitern? Inwieweit ist er sich seiner Prägungen aus der Vergangenheit bewusst, und inwieweit konnte er sich von bremsenden Vorbildern lösen und seine eigene Persönlichkeit herausbilden?

Noch immer ist die Wirtschaftswelt – vor allem aber sind die Vorurteile über die Wirtschaftswelt – davon geprägt, dass es nur die Harten bis ganz nach oben schaffen, dass man keine Ängste haben darf, seine Gefühle, seine Verletzbarkeit nicht zeigen oder leben darf, nicht sensibel sein darf.

Du kennst sicher den Spruch »Nur die Harten kommen in den Garten«. Für einige Generationen mag das gestimmt haben, und sie hatten ihre Gründe, warum sie so und nicht anders konnten und wollten. Der Preis, den solche Menschen und ihr Umfeld oftmals in gesundheitlicher, emotionaler, familiärer und partnerschaftlicher Sicht für den »Erfolg« gezahlt haben, war hoch. In unsere Zeit passt das zunehmend weniger. Davon bin ich überzeugt. Wer allein mit Härte nach oben kommen oder dort bleiben will, dürfte vom Leben schnell eines Besseren belehrt werden. Die Speichen seines Erfolgsrades – um in diesem Bild zu bleiben – würden sehr schnell beschädigt werden und das Ganze zu einer Schlingerpartie machen, die nicht weit führt, außer in einen Crash. Es würden einfach viel zu viele Faktoren, die Leben und eben auch Karriere ausmachen, ignoriert, eventuell sogar negiert. Im Profisport sieht man das oftmals überdeutlich.

Disziplin und Kampfgeist allein machen den Champion nicht aus.

Was zudem heute megaaktuell ist – nach den Kriegstraumatisierungen im 20. Jahrhundert, nach dem Wirtschaftswunder, nach der Emanzipation der Frau, nach dem Beginn der Hightech-Revolution –, ist die Emanzipation des Mannes.

Im Business wie im Profisport hatten und haben die meisten Männer immer noch Probleme mit Verletzbarkeit, mit Unsicherheit, mit Sensibilität und damit, ihre Ängste und Schwächen zu zeigen, auch vor sich selbst. Es sind nach wie vor Tabus. Man redet da nicht drüber. Man hat so etwas am besten gar nicht.

Die Frauen haben in ihrer Emanzipation viel an Macht gewonnen und viele männliche Aspekte ausgeprägt, die in ihnen genauso leben können wie in Männern. Jetzt ist es an der Zeit, dass die sogenannten weiblichen, die weicheren Aspekte Wertschätzung erfahren und im Business gelebt werden können. Nur so kommt das Ganze in eine Balance. Die Männer müssen jetzt lernen, auch mit ihrer Sensibilität, ihrer Verletzbarkeit, ihren Ängsten und allgemein mit ihrer Gefühlswelt klarzukommen. Auch hier gibt es immer nur zwei Optionen: frühzeitig freiwillig oder später gezwungenermaßen. Werden sie gezwungen (sie werden ganz einfach immer mehr mit diesen Bereichen konfrontiert), erleben die Männer Burn-outs und depressive Krisen, wenn es ihnen nicht gelingt, sich auch um ihre weicheren Seiten zu kümmern.

Das Anforderungsprofil wird zusätzlich gepaart mit Schnelligkeit, Flexibilität und Nachhaltigkeit, wie es die jungen Generationen heute schon sehr stark zeigen und wie es für die Zukunft nötig ist.

Ein großer Schritt in Richtung Erfolg ist es, zu begreifen, dass wir sensibel und verletzbar sein können und zugleich auch stark.

Es heißt doch immer so schön: Die richtig Starken sind die, die zu ihren Gefühlen stehen. Klingt gut – aber wenn es uns selbst betrifft, dann sieht es oft anders aus.

In der Businesswelt, im Sport und allgemein in der Gesellschaft führen die weichen Seiten leider immer noch ein Schattendasein. Und doch gehört ihnen die Zukunft, denn da liegt in der Entwicklung von Unternehmen und Karrieren die größte Ressource!

Wenn du dich im Laufe der weiteren Kapitel dieses Buches mehr mit den zwölf Speichen des Erfolgsrades befasst, wirst du genauer sehen und verstehen, warum.

Wer heute und künftig etwas erreichen will, für den spielt die eigene Gefühlswelt eine unglaublich große Rolle. Der Umgang mit sich selbst, die Selbstführung in Verbindung mit einer gesunden Selbstfürsorge ist ganz entscheidend. Anders können wir den aktuellen und zukünftigen Herausforderungen gar nicht mehr begegnen.

Härte, Ellbogenmentalität, Kampfgeist – dieser enge Korridor führt nicht mehr zum Ziel. Allein schon deshalb, weil wir andere Menschen brauchen, um Karriere zu machen, und natürlich auch, um glücklich und gesund leben zu können. Und wenn wir die anderen schlecht behandeln, werden sie uns nicht unterstützen.

Wie wesentlich das Gefühl im Beruflichen immer ist, zeigen zum Beispiel die sogenannten Strategiemeetings. Dabei tut man so, als könne man die Zukunft voraussehen, als hätte man die magische Glaskugel. Letztlich aber ist es einfach ein Gefühl, eine Intuition, die sagen kann, wie man sich für die Zukunft aufstellen will, basierend auf dem Ist-Zustand und den Erfahrungen der Vergangenheit.

Jedes Ziel, jede Strategie basiert auf einem Gefühl und einem Wunsch.

Zwei Beispiele haben mich sehr geprägt, was das Thema Gefühle und persönliche Weiterentwicklung in Bezug auf Karrieren betrifft. Das erste: Vor einiger Zeit war ich bei einem Vortrag eines Vorstandsmitglieds eines großen Konzerns. Er schwärmte davon, wie viel das Unternehmen für seine Mitarbeiter tun würde, damit sich diese wohlfühlen, gesund und zufrieden sind und dem Konzern gern ihre Arbeitskraft und ihre Fähigkeiten zur Verfügung stellen.

In der Fragerunde wollte ich wissen, was denn die Vorstandsetage für sich selbst, für ihre eigene Weiterentwicklung tun würde. An dieser Stelle wurde der Mann ausweichend und brummelte schließlich, er halte nichts von solchen Ringelreihen-Veranstaltungen … Erschreckend!

Das ist so, als würde ein Profisportler aufhören zu trainieren, nur weil er Weltmeister geworden ist. Auch »oben« geht die Entwicklung weiter. Und die emotionale Seite gehört unausweichlich dazu. Nicht umsonst heißt es, der Fisch fängt immer am Kopf an zu stinken …

Das zweite Beispiel: Ein Klient von mir war im mittleren Management eines Automobilkonzerns und kurz vorm Burn-out. Er litt unter seiner Chefin, die unentwegt Druck machte und bei jeder Gelegenheit herumschrie. Ihr einziges Mittel, ihre Ziele durchzusetzen, war, die Mitarbeiter zusammenzufalten und zu mehr Leistung zu zwingen. Der Mann wusste nicht weiter. Ich fragte ihn: »Haben Sie Eier?« »Ja, klar!« »Okay, dann machen Sie mal Folgendes: Wenn Ihre Chefin bei der nächsten Sitzung anfängt herumzubrüllen, dann heben Sie die Hand und sagen: ›Stopp! Wenn Sie hier herumschreien, verletzt mich das. Es erinnert mich an meine Mutter. Die hat auch immer erst rumgeschrien und dann meistens zugeschlagen. Können wir das hier irgendwie anders regeln?‹«

Er machte das genauso und erzählte mir beim nächsten Mal davon. Die Vorgesetzte fing an zu brüllen, er hob die Hand und sagte diese Worte. Dann war erst einmal Ruhe im Saal. Sekunden später meldete sich ein anderer Mann und sagte: »Übrigens, mir geht es genauso.«

Die Situation hatte eine enorme Sprengkraft. Die Vorgesetzte brach in Tränen aus. Ihr wurde bewusst, was sie da eigentlich tat. Sie hatte versucht, besonders »männlich« zu führen, und so funktionierte es natürlich nicht. Für die Männer war es ein riesiger

Schritt, sich verletzlich zu zeigen – und genau dadurch Stärke zu beweisen. Ab diesem Moment war die Zusammenarbeit in diesem Team eine gänzlich andere.

Wir Männer dürfen uns eines klarmachen: Wir haben eindeutig die Aufgabe, uns wohlwollend mit unserer Gefühlswelt auseinanderzusetzen, sowohl mit ihren »positiven« als auch mit ihren »negativen« Aspekten. Tun wir es freiwillig, ist es ein Segen für uns selbst und unser Umfeld. Und dazu noch ein Booster für die eigene Karriere. Tun wir es nicht, werden wir über kurz oder lang dazu gezwungen, denn Schmerzen, körperliche wie seelische, sind auch Gefühle …

Du hast die Wahl!

Max von Bredow

Wie definierst du den Begriff »Karriere«?
In unserer Gesellschaft wird Karriere häufig damit verbunden, dass Menschen in der Hierarchie einer Organisation, Partei oder eines Unternehmens möglichst weit oben stehen, als Sportler ganz oben in einer Tabelle auftauchen oder beispielsweise als Musiker ganz oben in den Charts rangieren. Damit einher gehen ein großes Einkommen und die üblichen Statussymbole wie teure Kleidung, schnelle Autos, große Häuser et cetera. Je härter die Karriere erarbeitet wurde, zum Beispiel durch sehr viel Arbeit oder durch besonders hartes Training, desto größer ist die Anerkennung. Wir sprechen von Erfolg.

Per Definition ist die Karriere die persönliche Laufbahn eines Menschen. Also die Bahn beziehungsweise der Weg, den der Mensch selbst gelaufen ist beziehungsweise zurückgelegt hat. Wir selbst entscheiden, wie unsere Karriere beziehungsweise Laufbahn aussieht: welchen Weg wir laufen, wie weit wir laufen, wie schnell und wie lange. Alles ist möglich, und nichts ist verboten. Das ist eine sehr persönliche Entscheidung, die wir uns von der Gesellschaft nicht abnehmen lassen sollten.

Welches sind deine drei bis fünf Schlüsselfaktoren für eine erfolgreiche Karriere?

- Selbstreflexion (Erkennen von Stärken und Schwächen sowie von Persönlichkeitsmustern).
- Persönliche Weiterentwicklung (Stärken weiterentwickeln und »Schwächen« erkennen, alte Muster hinterfragen und auflösen).

- Eine Aufgabe und ein Umfeld finden, in dem die eigenen Stärken ausgespielt werden können und die eigene Persönlichkeit sich entfalten kann.
- Der Mut und die Kraft, um die ersten drei genannten Punkte durchzuziehen.
- Einen Begleiter, Coach oder Mentor, um die genannten Punkte durchzuziehen.

Was sind für dich die drei bis fünf größten Karrierekiller?

- Nicht erkennen, wo die eigenen Stärken liegen, oder nicht an sie glauben. Eine Fehleinschätzung der eigenen Fähigkeiten.
- Mit den eigenen Stärken im falschen Umfeld sein und/oder die falsche Aufgabe haben.
- Alte bremsende Muster nicht auflösen.
- Keinen Begleiter haben, der es ausschließlich gut mit dir meint und keine eigenen Interessen an deiner Entwicklung hat.

Deine Arbeit mit Holger

Mit Holger Fischer habe ich einen Menschen an meiner Seite, der völlig unabhängig und klar ist. Er unterstützt mich ohne Wenn und Aber auf meinem eigenen Weg und hilft mir, der beste »Max von Bredow« zu sein, der ich sein kann.

Max von Bredow *ist Vorstandsvorsitzender der Quest AG.*

Krisen, Crashs und Pandemien

»Äußere Krisen bedeuten die große Chance, sich zu besinnen.«

Viktor Frankl

Es hat immer einen Sinn, wenn irgendetwas passiert, auch wenn wir den Sinn anfangs nicht erkennen – und ihn vielleicht niemals ganz begreifen können (oder wollen). So ist es auch ganz sicher bei einer Krise, einem Crash – oder einer Pandemie, ein Begriff, den wir in letzter Zeit sehr oft gehört haben. Ich möchte das Thema hier aufgreifen und meine ganz persönliche Meinung dazu schildern. Denn es hat ebenfalls viel mit Karriere zu tun und mit dem, was sie zum Erliegen bringen kann.

Unter einer Pandemie oder einer Krise ganz allgemein leiden immer viele Menschen. Es ist aber auch so, dass immer viele Menschen auch ohne eine große Krise in der Welt leiden. Es gibt Todesfälle ohne Pandemie, es gibt Insolvenzen ohne Pandemie. Es gibt immer Verlierer und Gewinner. Ganz unemotional und neutral betrachtet ist eine Pandemie oder eine andere kollektive Krise auch nichts anderes als eine Konsolidierungsphase in der Gesellschaft.

Mit den unterschiedlichsten Folgen. Im ersten Lockdown während der Covid-19-Krise war die Welt auffallend ruhig geworden. Es wurde kaum noch geflogen, selbst der Autoverkehr war stark reduziert. Die Natur atmete auf, und es wurden nach einiger Zeit Naturphänomene beobachtet, die schon länger nicht mehr so zu sehen waren. Zugleich hat die Digitalisierung nun endgültig Einzug in unser alltägliches Leben gehalten, ist in noch viel mehr Lebensbereichen salonfähig geworden.

Eine Pandemie, sei es Pest, Spanische Grippe oder eben Corona gibt es immer wieder, nach meiner Recherche etwa alle 100 Jahre. Oft sind dann bestimmte Altersgruppen stark gefährdet und betroffen. 2020 waren es im größten Maße die alten Menschen, in der Spanischen Grippe Anfang des 20. Jahrhunderts meines Wissens vorwiegend junge Menschen. Tragisch und schlimm ist es jedes Mal.

Und doch bietet so eine Zeit die Chance auf eine Konsolidierung, die irgendwann vorbei ist, und dann geht es auf einem neuen Niveau mit einem angepassten und trainierten Immunsystem weiter. Das Leben läuft offenbar so, und es ist eine Illusion zu glauben, solche Ereignisse komplett ausschließen und unterbinden zu können.

In Krisenphasen sind wir alle gezwungen, unser Leben zu reflektieren. Wir fragen: Passt meine Beziehung noch? In den Corona-Monaten gab es sehr viel mehr Trennungen als sonst. Und es gibt mit der natürlichen Zeitverzögerung sehr viel mehr Babys als vorher.

Wir fragen: Ist mein Beruf noch sinnvoll? Ist er noch realisierbar? Ist beispielsweise das Thema Homeoffice für mich passend und sinnvoll umsetzbar? Wie möchte ich leben? In was für einer Gesellschaft möchte ich leben? Oder auch: Wo möchte ich leben? Vor Corona strömten die Menschen in die Städte, jetzt orientieren sie sich wieder aufs Land hin.

In solchen Krisen werden wir gezwungen, innezuhalten. Wir können kaum anders, als uns zu fragen: In welche Richtung bewegt sich mein Leben? In welche Richtung bewege ich mich in meinem Leben?

Was aber hilft, gut durch so eine Phase zu kommen? Wie lässt sie sich erfolgreich durchstehen? Drei Punkte sind hierbei wichtig und entscheidend:

1. Ich brauche eine Aufgabe.
2. Ich gebe mir selbst eine Aufgabe, statt darauf zu warten, dass mir jemand anderes etwas zu tun gibt.
3. Ich suche und finde einen Sinn in dem Ganzen und in meinem Leben, Arbeiten und den mir gestellten Aufgaben.

Es hat sich gezeigt, dass Menschen selbst in den Konzentrationslagern des Nationalsozialismus genau diese Punkte helfen konnten, zu überleben. Wer sich eine Aufgabe geben und irgendeinen Sinn in dem Geschehen für sich finden konnte, hatte deutlich höhere Überlebenschancen. Das »Böse« im Außen wird kleiner und weniger emotional, wenn für uns ein Sinn im Ganzen erkennbar ist. Wenn uns der Sinn klar ist, dann sehen wir eine größere Ebene, dann jammern wir nicht und verfangen uns auch nicht in allen möglichen Theorien, was warum wie sein und weitergehen könnte. Dann gehen wir unseren Weg. Vielleicht mit ein paar ungeplanten und schmerzhaften oder zumindest unangenehmen Bögen. Aber wir gehen.

Wir sehen mit einer solchen Haltung auch die guten Seiten der Veränderungen, die passieren, wenn eine Pandemie, welcher Art auch immer, über eine Gesellschaft hinwegfegt. Wie sieht es aktuell damit aus? Homeoffice wurde plötzlich möglich, gegen das sich vorher viele Unternehmen gesperrt haben. Der Tag lässt sich freier einteilen, starre Bürozeiten lösen sich für sehr viele Menschen auf und können flexibel und individuell gestaltet werden. Meetings finden am Bildschirm statt, und kaum jemand fliegt mehr im Land herum oder um die halbe Welt, um sich für zwei Stunden mit jemand anderem zu besprechen.

Viele Menschen haben mehr Zeit und mehr Ruhe zum Reflektieren und Wieder-bei-sich-Ankommen. Viele Unternehmen, Restaurants und Geschäfte sind flexibler geworden und haben Möglichkeiten entwickelt, ihre Angebote auf eine andere Weise an die Kundschaft zu bringen.

Natürlich gibt es viel Leid – und auf der anderen Seite viel Kreativität und Neuartiges. In einem verdammt kurzen Zeitraum hat sich sehr viel verändert. Vieles Alte stirbt in einer Krisenzeit oder wird modifiziert, transformiert. Wir lernen leider vor allem dann, über Alternativen nachzudenken, wenn es richtig eng wird. Wenn die Optionen, die wir kennen, nicht mehr funktionieren.

Bei allem Leid, das ich natürlich wahrnehme und selbstverständlich bedaure, ist eine solche Phase von ganz weit oben betrachtet, wo wir alle kleine Mickymäuse sind, die auf einem Globus herumflitzen, ein Segen für die Welt. Die Chance auf eine nötige Veränderung. Im Kleinen, im Privaten, im Beruflichen, in der Gesellschaft, in der Welt.

Sieh eine Krise nicht als Strafe, sondern als Segen. Als eine große Chance für dich und für uns Menschen überhaupt.

Es geht mir überhaupt nicht darum, es krampfhaft positiv zu sehen. Es ist schmerzvoll, wenn wir erkennen, dass bestimmte Dinge gerade oder vielleicht gar nicht mehr funktionieren, dass Menschen, die wir kennen und lieben, schwer krank werden oder gar sterben.

Um mit einer solchen Zeit umgehen zu können, ist es wie gesagt wichtig, eine Aufgabe zu haben. Eine Aufgabe, die Spaß macht. Das kann dein Job sein oder eine Aufgabe, die du dir selbst stellst. Und es ist wichtig, einen Sinn in dem Geschehen zu entdecken. Du kannst monatelang klagen, dich ängstlich verkriechen oder über die unterschiedlichsten Verschwörungstheorien philosophieren – das hilft dir nicht weiter. Deutlich konstruktiver ist es, die Krise als Konsolidierungsphase zu sehen, eine eventuelle Durststrecke bestmöglich zu überstehen und derweil zu überlegen, wie du dich neu ausrichten kannst. Genau diese Aufgabe kannst du dir stellen, während auf dem bisherigen Weg nichts vorangeht.

Du bist jetzt als ganzer Mensch gefragt. Da draußen tobt eine Krise – und du hast das Zepter selbst in der Hand, wie du damit umgehen willst. Ob du das willst oder nicht, du bist jetzt am Drücker. Es gibt Kinobetreiber, die haben Autokinos aufgebaut. Es gibt Restaurantbesitzer, die bieten den Leuten an, mit ihrem Wohnmobil zum Restaurantparkplatz zu kommen, und dann machen sie in diesem Wohnmobil Sterneküche. Und so weiter. Bei vielen Menschen wurde eine Menge Kreativität freigesetzt.

Reflexion: Weitere Fragen für eine Krise, ob kollektiv oder persönlich

- Kann ich so weitermachen?
- Will ich so weitermachen?
- Sollte ich mein Geschäftsfeld verändern?
- Was könnte ich variieren?
- Was könnte ich noch machen?
- Was würde mir jetzt Freude machen?
- Könnte das jetzt die Gelegenheit sein, etwas aufzubauen, was ich eigentlich schon lange wollte?
- Wie könnte ich das umsetzen?

Und auch:

- Wie gehe ich mit Schwierigkeiten um?
- Was ist meine Einstellung zu Krisen?
- Woher habe ich diese Einstellung? Ist es wirklich meine oder habe ich sie nur übernommen?
- Mit welcher Einstellung würde ich besser fahren?
- Wie gehe ich mit meinen Emotionen um, mit meiner Ohnmacht, der Hilflosigkeit?
- Habe ich einen Sinn erkannt?
- Wenn nicht: Wo finde ich einen Sinn in dieser Zeit?
- Was lerne ich aus dieser Zeit?

Die Kreativität wird wie die Emotionalität von unserer rechten Gehirnhälfte gesteuert, von dem Bereich, mit dem wir sonst oft nicht so viel zu tun haben (wollen). So eine Krise zwingt uns, dort wieder wacher zu werden. Seit Anfang 2020 wird unglaublich viel nachgedacht, in alle Richtungen und nicht nur im Gesundheitlichen oder Wirtschaftlichen, auch gesellschaftlich. Auf unterschiedliche Weise stellen sich unzählige Menschen vielfältige Fragen, deren Antworten vorher selbstverständlich schienen. Unsere Routinen und Gewohnheiten wurden extrem infrage gestellt.

Ich merke im Umgang mit den Menschen in meinem Umfeld und natürlich auch als Coach, wie wertvoll es ist, auch solche Dinge wie die Coronakrise zu entemotionalisieren. Das wirkt für manche erst einmal erschreckend, aber es weitet den Blick und macht wieder handlungsfähig.

Es gibt und gab und wird auch in der Zukunft zu allen Zeiten Gewinner und Verlierer geben. Zu allen Zeiten sterben Menschen an den unterschiedlichsten Todesursachen. Zu allen Zeiten gibt es Insolvenzen.

Und immer gibt es Menschen, die aus Krisen etwas Gutes und Neues entstehen lassen. Die Krise ist nun einmal da, und es geht darum, wie du für dich und deinen Bereich damit umgehst.

Lenk deinen Fokus von dem weg, was schiefgeht, wer schuld sein könnte und was andere anders machen müssten. Damit sind wir immer schnell – und es bringt nichts.

Bei allem Leid und auch bei der enormen Größe der Herausforderungen, die viele Einzelne und die wir als Gesellschaft aktuell und in den nächsten Jahren schultern müssen:

Diese Krise ist ein enormer Entwicklungsbeschleuniger für uns Menschen. Corona schafft Klarheit.

So wie du Steuern zahlen musst, ob du willst oder nicht, so hast du ganz oft im Leben keinen Einfluss auf bestimmte äußere Umstände.

Ob es nun eine Pandemie ist, bestimmte politische Entwicklungen, ein Krieg, eine Naturkatastrophe oder eine Wirtschaftskrise. Was du allerdings beeinflussen kannst, ist dein Umgang damit. Und wenn du es schaffst, einen konstruktiven, kreativen und positiv ausgerichteten Umgang damit zu finden, ist es so, als würde dich das Leben mit einem guten weiteren Weg belohnen. Und du kannst damit auch andere inspirieren, denen es noch nicht so gelingt.

Die Menschheitsgeschichte ist voll von Krisen. Und es ist müßig, sich damit zu beschäftigen, wer jeweils an ihnen schuld war. Hilfreicher ist es, von denen zu lernen, die diese Krisen gut meistern und anderen genau dabei helfen konnten. Ich hatte vom Rad des Erfolges gesprochen: Es ist klar, dass du mit diesem Rad nicht immer nur über wunderbar glatt asphaltierte Straßen fahren wirst. Manchmal wird es holprig sein, und manchmal fehlt die Straße ganz. Und trotzdem muss es weitergehen und wird es weitergehen.

Vergiss eines niemals: Der Sekundenzeiger geht nie rückwärts oder bleibt stehen, er geht immer nur vorwärts, und was im Moment da ist, ist eine Sekunde später schon Vergangenheit.

Martin Strobel

Wie definierst du den Begriff »Karriere«?

Karriere bedeutet für mich vielmehr, einen ganzen Lebensweg zu betrachten. Sich Ziele zu setzen, mit Niederlagen umzugehen und aber auch Erfolge zu feiern, um möglichst immer Stück für Stück seiner Wunschvorstellung näher zu kommen.

Für mich war der Sport schon immer Teil meines Lebens und somit auch immer ein Stück weit ein Karriereweg.

Welches sind deine drei bis fünf Schlüsselfaktoren für eine erfolgreiche Karriere?

- Disziplin.
- Durchhaltevermögen.
- Fokussierung.

Was sind für dich die drei bis fünf größten Karrierekiller?

- Nur den Sport zu sehen und nicht auch zu leben.
- Zu schnell zufrieden zu sein.
- Sich auf Vergangenes zu verlassen.
- Vollständige Abhängigkeit von anderen in Bezug auf deren Meinung.

Deine Arbeit mit Holger

Holger hat mir in einer der schwierigsten Phasen meiner Karriere geholfen. Seine Art des intensiven Austauschs hat bei mir innerlich eine ganz neue Reflexion auf die Themen bewirkt. Dadurch war ich offener und freier für meine Leistung auf dem Spielfeld.

> **Martin Strobel** *ist ehemaliger Handballprofi, Europameister und Bronzemedaillengewinner bei Olympia. Jetzt Speaker, Experte für Teambuilding sowie Co-Founder bei ELEAN.*

Der Karrierebahnhof

»Der Erfolg ist kein Besitz, er ist nur gemietet, und die Miete wird jeden Tag fällig.«[2]

Hansi Flick

Mit meinen Klientinnen und Klienten arbeite ich sehr gern mit sprachlichen Bildern. Damit kann ich mit wenigen Worten ganz viel klarmachen. So handhabe ich das auch in diesem Buch – zum Beispiel mit dem Rad des Erfolges und seinen zwölf Speichen, zu denen wir noch genauer kommen werden.

Ein weiteres, für mich wesentliches Bild ist das des Karrierebahnhofs, der genauso auch ein Lebensbahnhof ist. Wir kommen auf die Welt und werden in ein bestimmtes Umfeld hineingeboren. Mit unseren Eltern oder anderen engen Bezugspersonen beginnen wir unsere Lebensreise – und dabei fahren wir, bildlich gesprochen, immer wieder Wegstrecken mit bestimmten Zügen. Wir steigen in den Zug »Kindergarten«, später in den Zug »Schule«, dann kommt »Ausbildung« und so weiter. Zwischendurch steigen wir zeitweise in Züge, die vielleicht heißen »Klavier«, »Fußball« oder »Tennis«.

In die meisten dieser Züge steigen wir ein, weil wir es müssen oder es uns geraten wird. In der Pubertät beginnen wir dann bestenfalls, selbst zu entscheiden, mit welchen Züge wir mitfahren

---

2 https://www.abendzeitung-muenchen.de/sport/fcbayern/fc-bayern-trainer-hansi-flick-der-erfolg-ist-nur-gemietet-art-557836

wollen. Immer wieder stehen wir auf Bahnhöfen, es kommen die unterschiedlichsten Züge vorbei, und wir wählen, welchen wir nehmen. Mit sechzehn bleiben wir vielleicht bei den gewohnten Zügen, die wir von unserem Elternhaus her kennen – oder wir probieren mal einen, auf dem steht: »Exzessives Leben mit Party, Drogen und viel Alkohol«. Wenn wir dort einsteigen, können wir bis zur Endstation mitfahren. Irgendwann sind wir dann suchtkrank oder tot. Oder wir fahren ein, zwei Stationen mit und entscheiden, lieber wieder einen anderen Zug zu nehmen. Bahnhöfe kommen immer neu, und es ist an uns, den aktuellen Zug zu verlassen und einen anderen zu wählen. Wir haben immer und überall die Wahl, welchen Zug wir nehmen und welchen nicht.

Lebenslang stehen wir immer wieder auf Bahnhöfen, was nichts anderes heißt, als dass wir immer wieder verschiedene Optionen haben. Um diese nutzen zu können, müssen wir aus dem aktuellen Zug aussteigen, sobald er an einem Bahnhof hält. Dort können wir schauen, welche anderen Züge vorbeikommen. Vielleicht müssen wir auch mal eine Weile warten, bis wieder einer kommt, der uns gefällt und uns unseren Zielen näherbringt. Das wäre dann die bereits besprochene Konsolidierungsphase.

Es kann auch passieren, dass wir mal ein Stück zurückfahren müssen, weil wir in den falschen Zug gestiegen waren. Dann kommen wir wieder an einen Bahnhof, den wir bereits kennen, und wählen neu, in welche Richtung wir jetzt wollen.

Das alles gilt genauso für Karrieren. Anfangs steigen wir vielleicht einfach in einen Zug, auf dem »Karriere« steht. Auf der Fahrt merken wir dann irgendwann, dass wir uns nicht mehr wohlfühlen oder dass der Zug irgendwo nicht weiterkommt. Als Profisportler sind wir vielleicht verletzt, dann steigen wir um in den Zug »Reha«. Oder wir sind in einem Unternehmen gelandet, das nicht zu uns passt oder in dem wir bei Beförderungen übergangen werden – dann steigen wir an der nächsten Station aus und schauen, ob ein für uns besserer Zug vorbeikommt. Vielleicht steht daran »Wertschätzung«, oder es ist eine andere Branche.

Oder du findest dich in einem Zug wieder, auf dem »Erfolg« steht. In den Abteilen ist gute Stimmung, Party, alle gut drauf. Und auch hier musst du dich fragen, ob du dich dabei wohlfühlst. Meist bleiben wir nicht lange in diesem Zug, irgendetwas passiert, ob von uns selbst oder von außen gesteuert. Vielleicht merkst du: Party ist zwar nett, aber ich möchte mich weiterentwickeln und wieder mal etwas anderes machen.

Dieses Bild vom Karrierebahnhof kann man sehr gut ausweiten. Oft kommt beispielsweise auch ein Zug vorbei, auf dem »Zweifel« steht – und die meisten von uns steigen dort zumindest zeitweise ein. Günstig für dein Leben und für deine Karriere ist es, aus diesem Zug immer wieder auszusteigen. Und noch besser ist es, wenn du diesen Zug eines Tages wieder einmal in deinen Bahnhof einlaufen siehst und diesmal nicht einsteigst und lieber auf einen besseren Zug wartest. Zum Beispiel auf den Zug, auf dem »Vertrauen« steht …

Ich finde dieses Bild sehr hilfreich. Anhand des Karrierebahnhofs erkennst du sofort, dass du immer eine Wahl hast. Du kannst dir selbst bewusst werden, in welchem Zug du gerade sitzt. Und dann kannst du entscheiden, ob und wie lange du weiterfahren oder ob du aussteigen möchtest. Wenn du wieder auf dem Bahnhof stehst, kannst du die einfahrenden Züge betrachten und bestenfalls wirklich in den Zug einsteigen, in dem du jetzt auch wirklich sein willst.

Die Optionen auf deinem Weg kommen von außen, genauso aber auch von innen.

Natürlich, wenn du einmal eingestiegen bist und der Zug losgefahren ist, dann bist du erst mal drin. Dann musst du zumindest bis zum nächsten Bahnhof mitfahren. Das aber wird leichter, wenn du weißt: Du bist in einem Zug, und der nächste Bahnhof wird kommen, an dem du die Situation verändern kannst. Wenn klar ist, dass die nächste Station erst in einer Stunde zu erwarten ist, dann brauchst du diese eine Stunde nicht zu kämpfen oder zu jammern. Du bleibst einfach in deinem Zug, machst die Erfahrungen, die dir diese Situation beschert, und weißt, dass du am nächsten Bahnhof aussteigen wirst, um einen für dich besser passenden Zug zu nehmen.

Vielleicht bist du gerade in einer sehr unbefriedigenden Situation auf deinem Karriereweg. Dann kannst du wissen, dass du in einem bestimmten Zug sitzt. Vielleicht wird dir klar, wie er heißt und warum du eingestiegen bist. Und du kannst wissen, dass es viele andere Züge gibt, in die du bei der nächsten Gelegenheit wechseln kannst.

Einen solchen Zug zu wechseln, muss nicht immer heißen, dass du kündigst oder dein eigenes Unternehmen gründest oder wieder schließt. Vielleicht bleibst du äußerlich genau dort, wo du bist. Aber du steigst aus einem Zug, der »Zweifel« oder »Nicht-Nein-sagen-Können« oder »In-meiner-Familie-hat-es-niemand-zu-etwas-gebracht« heißt, schleunigst wieder aus und wechselst in einen Zug, auf dem beispielsweise steht »Mut zu Neuem«, »Innere Klarheit«, »Wertschätzendes Miteinander« oder was auch immer für dich zählt.

Als Sportler bist du wahrscheinlich oft im Zug »Training«. Dort kannst du lebenslang drinbleiben. Manche merken aber, dass sie mit Training allein, egal wie fleißig und wie hart, nicht dort hinkommen, wo sie hin wollen oder gar hingehören. Dann können auch sie in einen anderen Zug steigen, vielleicht heißt er »Mentalcoaching«, »Erfolgsbremsen aus der Kindheit lösen« oder »Entspannte Beziehung zum Geld«. Natürlich werden sie parallel weitertrainieren, aber der Fokus liegt für eine Zeit woanders, um das Training wieder effektiv werden zu lassen.

Auch die Speichen des Erfolgsrades sind letztlich solche Züge. Auf jedem Karriereweg wirst du immer wieder mit diesen Themen konfrontiert. Du bist auf deinem Bahnhof, und es kommt ein Zug mit dem Thema »Eltern und Ahnen« vorbei. Du steigst ein, weil du hier noch etwas aufzuarbeiten hast. Oder du wirst krank, die Speiche der körperlichen Gesundheit. Dann steigst du in den Zug »Genesung« oder »Reha« oder vielleicht auch »Auszeit«. Manchmal wirst du bewusst aussteigen, weil du dich in einem Zug nicht wohlfühlst. Gelegentlich erreichst du aber auch eine Endstation, wärst gern noch weitergefahren, musst aber einen neuen Zug wählen.

Vielleicht heißt dein aktueller Zug »Vorgesetzte«, und du hast ständig Probleme mit deinen Chefs. Dann kannst du weiterfahren und dich quälen. Du kannst weiterfahren und das Thema lösen. Oder du steigst aus und nimmst einen Zug, der »Coaching« heißt oder »Selbstsicherheit« oder aber »Selbstständigkeit«. Du hast immer zahlreiche Optionen. Genau das möchte ich dir mit diesem Bild vom Karrierebahnhof vermitteln. Diese Optionen musst du erkennen, und dann kannst du auch eine Entscheidung treffen.

Keine Karriere ohne Entscheidungen.

Manchmal finden wir uns auch in einem Zug wieder, in den wir gar nicht wirklich eingestiegen sind. Vielleicht sind wir im Erfolgs-Zug eingeschlafen und an irgendeiner Station wurde die Anzeige gewechselt. Von »Erfolg« zu »Absturz«, »Burn-out«, »Ehe-Aus« oder »Neid anderer«. Diese Themen hast du nicht gewählt, aber nun musst du dich damit befassen. Du kannst auch diese Züge wieder verlassen, aber wenn du einmal drinsitzt, dann sitzt du bis zum nächsten Bahnhof eben drin und solltest das Beste draus machen.

Wenn es stockt, kannst du in deinem Zug reflektieren, was los ist, dir vielleicht auch die anderen Leute anschauen oder mit ihnen sprechen – im Stress-Zug sitzen natürlich nur Gestresste und im Zweifel-Zug nur Zweifelnde. Du kannst auch dabei entscheiden, an der nächsten Station auszusteigen und zu warten, welcher Zug neu einfährt. Vielleicht merkst du: »Ach, da ist ja wieder der Karriere-Zug. Ich nehme den.« Und es geht wieder voran. Oder es kommt das nächste Thema, vielleicht macht dein Körper schlapp. Dann ist es jetzt Zeit, sich darum zu kümmern. Du steigst in den Zug »Selbstfürsorge«, »Reha« oder »Pause«. Während du in einem solchen Zug sitzt, kannst du ja auch schon drüber nachdenken, in welchen du als Nächstes steigen möchtest, wenn du wieder fit bist.

Reflexion:
Fragen zum Thema Karrierebahnhof

- In welchem Zug sitze ich aktuell – was ist das große Thema, das mich gerade beschäftigt?
- Fühle ich mich in diesem Zug wohl und richtig?
- Wieso bin ich in diesen Zug eingestiegen, was hat mich motiviert?
- Möchte ich schnellstmöglich aussteigen, oder brauche ich noch länger für diese Erfahrung?
- Was hindert mich daran, hier auszusteigen, wenn ich doch weiß, dass es mir nicht gut geht oder ich nicht weiterkomme?
- In welchem Zug saß ich schon viel zu oft?
- In welchem Zug fand ich es gut?
- In welchem Zug würde ich gern sitzen?

Es ist ein ganz zentrales Thema bei der Entwicklung von uns Menschen: Wir haben fast immer viele Optionen. Es gibt aber Situationen, da geht nur noch eins. Du bist vielleicht an irgendeiner Endstation aus deinem Zug gestiegen, es ist spätabends und an diesem Tag fährt nur noch ein einziger Zug. Egal, wie er heißt, den musst du dann wohl nehmen. Auch wenn auf der Anzeige »Drama« steht oder »Frustration«. Vielleicht bringt er dich zumindest wieder an einen größeren Bahnhof, wo du mehr Auswahl hast.

Manche Erfahrungen müssen wir einfach machen, auch wenn sie uns zunächst nicht gefallen. Wenn du die Drama-Erfahrung bewusst durchlebt hast, wirst du vielleicht später nicht mehr in die Verlegenheit kommen, in diesen Zug zu steigen. Bestimmte schwierige Themen werden uns immer erwischen. Mit zunehmender Erfahrung aber haben wir immer mehr Wahlmöglichkeit und können die einzelnen Drama-Züge ohne uns weiterfahren lassen.

Viele Karrieren – und auch Leben – verlaufen deshalb nicht zufriedenstellend, weil die Leute aus ihrem Zug einfach gar nicht mehr aussteigen. Sie machen immer dasselbe und hoffen, dabei voranzukommen. Was heißt es bei diesem Bild vom Karrierebahnhof eigentlich, auszusteigen? Es heißt, dass wir etwas wahrnehmen und bewusst beenden, weil es uns nicht mehr dient. Und das heißt immer auch, dass wir die Unsicherheit aushalten müssen, auf einem Bahnhof zu stehen und nicht zu wissen, welcher Zug als Nächstes kommen wird. Wann wieder ein passender Zug einfahren wird.

Da sind wir wieder bei der Konsolidierungsphase, die sich viele nicht gern geben. In dieser Zeit sitzen wir vielleicht eine Weile auf dem Bahnsteig und es kommen Dutzende Züge vorbei. Wir kennen sie alle – »Zweifel«, »Selbstzweifel«, »Verunsicherung«, »Depriemiertheit«, »Angst«, »Frust«, »Gier« … Doch im besten Fall steigen wir nicht mehr ein, sondern warten auf den Zug, der wirklich zu uns passt. Wir halten inne, reflektieren oder lassen uns reflektieren und bereiten uns auf etwas gutes Neues vor.

Aus meiner Sicht lohnt es sehr, mit diesem Bild des Karrierebahnhofs zu spielen. Beobachte dich, in welchen Zügen du sitzt, in welche du nicht mehr einsteigst, was auf deiner Reise passiert. Es gibt Menschen, die steigen aus dem Zug »Glück« wieder aus und warten auf den, der »Harte Arbeit« heißt. Einfach weil sie glauben, dass sie nur durch harte Arbeit erfolgreich sein können. Und warum wollen sie erfolgreich sein? Eigentlich doch deshalb, weil sie glauben, dann glücklich sein zu können.

Andere sitzen auf dem Bahnhof und fragen den Schaffner, welchen Zug sie nehmen sollen, um erfolgreich sein zu können.

Sie fragen nicht sich selbst, sondern erhoffen sich die richtige Antwort von irgendjemandem da draußen. Wenn dir deine Vorgesetzte einen Zug vorgegeben hat, wirst du sicherlich eine Weile damit fahren. Irgendwann musst du aber selbst entscheiden, ob das der richtige Zug für dich ist. Genauso, wenn dich die Eltern zu einem bestimmten Zug gedrängt haben – zu einem Beruf beispielsweise oder einem Ausbildungsweg.

Je spielerischer wir mit unseren Themen umgehen, umso leichter wird es. Deswegen habe ich dieses Bild vom Karrierebahnhof hier eingebaut. Du kannst es für dich nutzen, es erweitern, es einfach so anwenden, wie es dir hilft.

Simon Tress

Welches sind deine drei bis fünf Schlüsselfaktoren für eine erfolgreiche Karriere?

1. Vertrauen in sich und in die eigenen Stärken.
2. Selbstreflexion und kritisch zu sich selbst sein.
3. Glück und Gottvertrauen gehören für mich auch dazu. Denn sie machen bei manchen Dingen die letzten 10 Prozent aus.
4. Ein starkes Team und Partner, mit denen man sich immer auf Augenhöhe begegnet.

Was sind für dich die drei bis fünf größten Karrierekiller?

1. Hochmut und Überheblichkeit – wenn man vergisst, woher man kommt, und glaubt, man hat es geschafft.
2. Unprofessionalität.
3. Kommunikationsdefizite.

Deine Arbeit mit Holger

Seit über sieben Jahren arbeite ich jetzt schon monatlich mit Holger Fischer. In dieser Zeit bin ich nicht nur beruflich, sondern auch privat extrem gewachsen. Holger gab mir nie die Lösungen für meine Probleme auf dem Silbertablett, sondern er zeigte mir den Weg, damit ich die Dinge selbst lösen konnte. Das macht für mich einen großen und erfolgreichen Coach aus, der sich immer mit seinen Klienten auf Augenhöhe befindet.

Simon Tress *ist Deutschlands bekanntester Bio-Koch, Küchenchef und Inhaber von 1950, Deutschlands erstem Bio-FineDining-Restaurant mit dem weltweit ersten CO_2-Menu. Speaker, Autor zahlreicher Bücher sowie regelmäßig im Fernsehen als Bio-Kochexperte.*

Die zwölf Speichen des Erfolgsrades

»Wer aufhört, besser zu werden,
hat aufgehört, gut zu sein.«

Philip Rosenthal

Hier kommen wir zum eigentlichen Kern dieses Buches: dem Rad des Erfolges mit seinen zwölf Speichen, die zu Karrierekillern oder echten Unterstützern werden können. In unserer Karriere, auf unserem Weg zu unseren Zielen sind wir immer mit diesen zwölf Speichen befasst:

1. Die eigene Persönlichkeit
2. Eltern und Ahnen
3. Beziehung, Freunde, Elternschaft
4. Vorgesetzte und Trainer
5. Kollegen und Mitspieler
6. Körper
7. Ratio
8. Emotio und Intuition
9. Karma
10. Erfolg und Misserfolg
11. Geld und Finanzen
12. Öffentlichkeit

An manchen dieser Speichen arbeiten wir zeitweise aktiv, um etwas zu justieren. Bei anderen sind wir reaktiv gefordert, weil uns von außen etwas dazu zwingt – der Beziehungspartner droht mit Trennung, wir werden krank, unsere Vorgesetzten zeigen sich unzufrieden mit unserer Leistung, wir stoßen an unsichtbare Grenzen und finden schließlich heraus, dass wir Prägungen aus unserer Kindheit folgen, die uns blockieren. Es gibt unendlich viele Möglichkeiten. Wir werden immer mit diesen zwölf Bereichen zu tun haben, freiwillig oder gezwungenermaßen.

Es ist einfach so: Wir kommen um bestimmte Themen in unserem Leben nicht herum. Erst recht nicht, wenn wir vorankommen, etwas erreichen und unsere Ziele erfüllen wollen. Wir haben nur die Wahl, ob wir die kniffligen Punkte proaktiv angehen oder ob wir immer dann reagieren wollen, wenn das Kind schon dabei ist, in den Brunnen zu fallen. Die zweite Möglichkeit ist mit Sicherheit langwieriger und schmerzhafter. Zugleich aber tritt sie viel häufiger auf. Wir Menschen lernen nun mal am meisten über den Schmerz. Und was ist Lebenserfahrung anderes als die Erkenntnisse, die wir aus leidvollen Episoden unseres Lebens gezogen haben? An unsere Siege erinnern wir uns kaum. Aber wir wissen genau, was einmal wehgetan hat, und versuchen, es dank unserer Intelligenz künftig zu vermeiden. So lernen wir.

Wir werden immer mit dem konfrontiert, was in uns noch nicht aufgearbeitet ist und was wir noch nicht gelernt haben. Das Rad hat einfach diese zwölf Speichen. Und wenn du es bewegst, dich also voran bewegst, dann merkst du schnell, wo sie noch nicht stabil genug sind oder auf deinem Weg beschädigt wurden. Hast du dir ein bestimmtes Thema schon angeschaut und gehst drei Stufen höher auf deiner Karriereleiter, dann kommt das Thema wahrscheinlich noch einmal auf dieser neuen Stufe auf dich zu. Ich selbst dachte oft: Super, das habe ich jetzt kapiert und geschafft! Das ist durch! Doch dann kam es eine Zeit später wieder um die Ecke, und ich hatte mich erneut damit zu befassen.

Leben heißt Entwicklung. Und Karriere heißt auch nichts anderes als Entwicklung. Du entwickelst deine Persönlichkeit und deine Fähigkeiten hin zu deinem Ziel.

Es geht immer voran, immer nach vorn. Die Uhren drehen sich nicht zurück. Einmal gemachte Erfahrungen lassen sich nicht löschen, und es macht keinen Sinn, sich rückwärts durchs Leben zu bewegen. Für mich passt dieses Bild vom Rad des Erfolges sehr gut: Es läuft, es sollte rund laufen, und dafür müssen alle Speichen intakt sein. Natürlich geht zwischendurch mal eine kaputt, doch dann kann man sich damit befassen, sie zu reparieren – die Konsolidierungsphase, die immer wieder auftaucht.

Ich werde die aus meiner Sicht wesentlichen Speichen des Erfolgsrades in den folgenden Kapiteln einzeln beschreiben. So erkennst du mögliche Karrierekiller und kannst gegensteuern. Und du siehst, was du für einen gesunden und erfüllten Weg zu deinem Ziel beachten solltest.

Es geht mir dabei nicht um Motivation und positives Denken. Eine positive Einstellung musst du auf deinem Karriereweg sowieso mitbringen und dir immer wieder erarbeiten. Damit allein jedoch und mit irgendwelchen Motivationsmethoden wirst du es nicht schaffen, eine nachhaltige und erfüllende Karriere zu meistern.

Es braucht die immer neue Klärung in diesen zwölf Lebensbereichen, die jeweils eine Speiche des Erfolgsrades ausmachen. Und genau dafür gebe ich dir im Folgenden einige Hinweise. All das beruht auf meinen langjährigen Erfahrungen, hat keinen Anspruch auf wissenschaftliche Korrektheit und naturgemäß auch keinen auf Vollständigkeit. Es ist die Essenz dessen, was bei meinen Klientinnen und Klienten funktioniert.

Für mich ist dieses Modell des Erfolgsrades sehr wichtig geworden, denn es macht meinen Klienten ganz schnell sehr viel klar. Sie haben damit ein wirklich hilfreiches Tool zur Hand. Mittlerweile habe ich mit vier Mitstreitern zusammen eine Firma gegründet, ELEAN, für deren Beratungsangebote für Unternehmen dieses Erfolgsrad ebenfalls zentral ist. Wir transportieren dort die Erfahrungen von sehr erfolgreichen Profisportlern in die Businesswelt.

Gregor Kobel

Karriere bedeutet für mich die berufliche Laufbahn, die man in der Sport- oder der Geschäftswelt beschreitet. Es kommt dabei nicht auf Triumphe oder Auszeichnungen an, sondern Karriere beschreibt den Weg, den man geht, um an die selbst festgelegten Ziele zu gelangen. Es gibt viele persönliche Eigenschaften und Faktoren, die ich kennengelernt habe und auch noch stetig kennenlerne, die mir geholfen haben, in meiner bisherigen Entwicklung weiterzukommen. Ich glaube, der Start für jede Karriere ist ein Traum, den man verfolgt, und gerade im Sport die Begeisterung, die man dabei verspürt. Mit der Zeit werden auch andere Dinge wichtig, aber die Freude am Fußball bleibt weiterhin das Fundament, das einen Fußballer antreiben sollte.

Ich bin ein sehr ehrgeiziger Mensch, der immer gewinnen und der Beste sein will – ich verlange es fast schon von mir selbst, was sicher viel Positives mit sich gebracht hat, aber auch schnell zu einem Hindernis werden kann. Eine meiner besten Eigenschaften ist es, dass ich sehr gewillt bin, Neues zu lernen. Man braucht den Drive, sich immer verbessern zu wollen, im Beruf und genauso als Person. Letzteres ist nicht einfach, aber die Qualität, ehrlich mit sich zu sein, seine Schwächen zu erkennen und an ihnen zu arbeiten, wird einem helfen, die Hürden zu überwinden, an denen eine Karriere ansonsten scheitern könnte. Es wird immer äußere Einflüsse geben wie Druck, Erwartungshaltung und Konkurrenz. Ich glaube, der beste Weg dabei ist, diese Faktoren akzeptieren zu lernen und einen Umgang damit zu finden. Der kann für jeden individuell etwas anders aussehen.

Man muss Ausgleichsmöglichkeiten finden, bei denen man die Kraft tanken kann, die man braucht, um in seiner Karriere Leistung zu bringen. Anderenfalls läuft man Gefahr, sich zu sehr in seinem Sport festzufahren und Dinge fast schon krampfhaft immer neu zu überdenken, was schnell in einer Negativspirale enden kann.

Für mich war es hier wichtig, nicht nur über Mut, Leidenschaft oder Moral zu sprechen, da man diese Stereotypen in Bezug auf Karrieren oft hört. Ich habe in den letzten Jahren viele andere Aspekte kennengelernt, die zu einer erfolgreichen Karriere beitragen können. Ich habe diesen Text bewusst eher auf mich bezogen, da es nicht leicht ist, allgemeingültige Anregungen zu finden. Es gibt kein Richtig oder Falsch, jeder muss für sich selber herausfinden, was ihm guttut und zu einer erfolgreichen Karriere verhilft.

Gregor Kobel *ist Fußball-Bundesliga-Torwart bei Borussia Dortmund und Schweizer Nationaltorhüter.*

Erste Speiche des Erfolgsrades: Die eigene Persönlichkeit

»Wohin du auch gehst, dich nimmst du immer mit.«

Weisheit

Das Wesentliche deiner Karriere bist du selbst. Das Rad des Erfolges hat zwölf Speichen, doch diese erste hier, deine Persönlichkeit, ist die entscheidende. Allein darüber könnte ich ein eigenes und umfassendes Buch schreiben. Ich beschränke mich hier auf das für mich Wesentlichste in dem Kontext »Karriere«. Zudem bringe ich einige Merkmale und Punkte der Persönlichkeit bei verschiedenen anderen Speichen zur Sprache, da sie dort einfach besser aufgehoben sind.

Die Qualitäten, die du auf deinen Entwicklungsweg mitbringst und entwickelst oder weiterentwickelst, sind es, die deinen Erfolg ausmachen. Die unterschiedlichen Faktoren der anderen Speichen spielen kräftig mit hinein, aber auch dort ist es deine Persönlichkeit, mit der du auf diese Einflüsse reagierst.

Ich unterscheide zwischen Wesensmerkmalen und Charaktereigenschaften. Wesensmerkmale sind für mich die persönlichen Qualitäten, die sich nicht ändern lassen. Wer klein und stämmig ist, wird sicherlich keine Stabhochspringerin werden. Wer eine Leidenschaft für das Handwerkliche in sich trägt, wird sicherlich keinen Beruf wählen, bei dem er den ganzen Tag am Computer sitzen muss. Die Wesensmerkmale sind wie ein Drehregler, der für dieses Leben voreingestellt ist. Es sind die Dinge, die wir mitbringen: der Grad an Sensibilität, die Intelligenz, körperliche Ausstattung und so weiter. Der eine hat mehr von jenem, die andere mehr von etwas anderem.

Je besser du dich selbst kennst und verstehst, umso erfolgreicher kannst du durchs Leben gehen.

Die Charaktereigenschaften auf der anderen Seite sind aus meiner Sicht Prägungen, die wir im Laufe unseres Lebens seit frühester Kindheit erfahren haben. Extrem formuliert: Wer einen Krieg erlebt hat, wird andere Eigenschaften ausbilden als jemand, der in einem buddhistischen Kloster aufwächst. Wer reiche Eltern hat, erfährt andere Prägungen als jemand, dessen Familie ständig mit Mangel zu tun hat.

Wir werden bei den weiteren Speichen des Erfolgsrades immer wieder zu den Prägungen kommen, die auch unsere Karriere bestimmen. Sie sind extrem vielfältig und liegen naturgemäß zunächst einmal im Dunkeln, im Unterbewusstsein. Es ist nicht möglich, im Rahmen dieses einen Buches auf alle Details und Zusammenhänge einzugehen, die hier wichtig wären. Aber ich möchte dich dafür sensibilisieren, dein Wesen und deine Persönlichkeit zu untersuchen und deine Qualitäten, Prägungen und Ideen über das Leben in deine Reflexion über deine Karriere miteinzubeziehen. Du bist deine Karriere. Du bist es, was diesen Entwicklungsweg ausmacht.

Motivation und Ehrgeiz

Es beginnt sicherlich damit, wie viel Motivation und Ehrgeiz ein Mensch mitbringt. Ohne diese beiden Qualitäten lässt sich nichts erreichen, schon gar keine Karriere. Es gibt eine intrinsische Motivation, die aus uns selbst heraus kommt, und eine extrinsische Motivation, mit der wir etwas tun, weil wir von etwas Äußerem motiviert werden: von Geld, einem strengen Chef, der Hoffnung, doch noch die Anerkennung des Vaters zu bekommen, oder vielleicht der Aussicht, als erfolgreicher Mensch mehr Frauen für sich gewinnen zu können.

Aus meiner Sicht kommen noch zwei weitere Motivationsarten hinzu: eine, die wir mehr oder weniger stark ausgeprägt von unserem Wesen her mitbringen, und eine, die uns als High Potentials ergreifen kann, wenn wir eine Challenge in etwas sehen.

Dabei besteht die Gefahr, dass wir es übertreiben und uns in dieser Challenge verausgaben. Das passiert nicht wenigen High Potentials. Sie sind vor allem dann zu motivieren, wenn eine Challenge lockt, dann aber sind sie kaum noch zu stoppen.

Wenn sie keine Aufgabe haben, die sie kickt, können sie regelrecht depressiv wirken oder auch tatsächlich werden. Stagnation, Resignation, Depression. Einfach weil keine große Aufgabe in Sicht ist. Es ist daher wichtig, zu erkennen, wie man in dieser Hinsicht selbst tickt. Wenn ein Visionär keine Challenge hat, kann er intrinsisch noch so hoch motiviert sein, es passiert einfach nichts. Er weiß gewissermaßen nicht, wohin er seine viele Energie lenken könnte.

Auf der anderen Seite gibt es Menschen, die nur ganz wenig Motivation in sich haben. Sie wollen nicht groß etwas erreichen, sie sind zufrieden, wenn sie so durchkommen. Sie werden kaum Karriere machen und wahrscheinlich auch nicht zur Leserschaft dieses Buches gehören.

Reflexion:
Fragen zur Motivation

- Inwieweit bin ich grundsätzlich ein motivierter Mensch?
- Was treibt mich an?
- Was fuckt mich ab?

- Bin ich ein High Potential, und wenn ja, warum? Wenn nein, warum nicht?
- Brauche ich unbedingt eine Challenge, um in Schwung zu kommen?
- Fühle ich mich manchmal resigniert oder sogar depressiv, weil ich keine große Aufgabe sehe?
- Leide ich am Bore-out, weil ich komplett unterfordert bin?
- Übertreibe ich es manchmal, wenn ich eine Challenge anpacke? Gehe ich dann über meine Grenzen?
- Fällt es mir gelegentlich schwer, mich zu motivieren?
- Welche der vier Motivationsarten kann mir aktuell helfen, die nächsten Schritte anzupacken?
- Wie kann es mir gelingen, mich stimmig zu motivieren, also weder zu übertreiben und mich zu verschleißen noch meine Ziele zu verschenken, weil ich nicht in Gang komme?
- Warum schaffe ich die Dinge, die ich mir vornehme?
- Warum schaffe ich es, meine Karriere erfolgreich zu gestalten?
- Was ist es, was mich glauben lässt, dass ich es schaffe?
- Und: Was ist eigentlich meine Vision vom Leben? Wo will ich hin? Was will ich erreichen? Was will ich haben? Was will ich erleben?

Du kannst dir diese vier Motivationsarten wie vier Motoren vorstellen, die dir zur Verfügung stehen. Wenn alle vier im roten Drehzahlbereich laufen, dürfte das nicht lange gut gehen. Natürlich gibt es Zeiten, in denen wir mit wenig Schlaf auskommen und einfach nur weiterarbeiten wollen. Kommen wir aber, zumindest mittelfristig, nicht immer wieder in eine Balance, haut es uns irgendwann aus der Kurve.

Wichtig ist, sich dieser vier Motoren bewusst zu sein und sie alle so zu nutzen, dass sie uns über lange Zeit zur Verfügung stehen, auf unserem gesamten Karriereweg. Wenn wir schon vier Motoren besitzen, sollten wir sie auch alle für uns und unseren Weg nutzen. Nur eben nicht alle gleichzeitig, und vor allem nicht alle gleichzeitig im roten Bereich.

Balance ist immer wieder der Schlüssel. Viele Menschen haben eine Vision für ihren Beruf. Aber ich erlebe nur wenige, die eine Vision für ihr Leben haben. Der Beruf ist und sollte immer nur ein Teil des Lebens sein. Deshalb ist es eben wichtig, auch eine Vision für das eigene Leben zu haben. Das ist dann die Basis für die berufliche Vision und ihre erfolgreiche und gesunde Umsetzung.

Wenn wir eines Tages gefragt werden, worüber wir uns definieren, dann sollten das möglichst nicht allein der Beruf und der Erfolg sein, das Geld oder das Ansehen. Am Ende sollte eines herauskommen: Ich definiere mich über mich selbst. Über mich und meine Fähigkeiten.

Karriere ist zwar ein »Gesamtkunstwerk«. Sie umfasst trotzdem nur einen Teil deines Leben und nicht dein ganzes Sein.

Eine Vision kann in den unterschiedlichsten Bereichen gelebt werden. Auch das ist wieder eine Frage der Persönlichkeit. Vielleicht möchte jemand gar keine großartige Karriere machen, nutzt aber seinen Beruf, um dann in der Freizeit das Geld und den Freiraum zu haben, den schönsten Schrebergarten der Umgebung mit einhundert Blumensorten anzulegen. Auch das ist eine Art von Karriere – ein Entwicklungsweg auf ein Ziel hin.

Vielleicht steckt dieser Mensch dann nur 60 Prozent seiner Motivation und Kraft in den Beruf, denn er braucht ja noch Energie für seinen Garten. Doch diese 60 Prozent reichen, um das nötige Geld zu verdienen. Wenn das für diesen Menschen stimmt, ist das eine wunderbare Karriere.

In vielen Motivationsseminaren und -büchern wird der Eindruck vermittelt, dass jeder so weit kommen kann, wie er will, alles erreichen kann, was er sich wünscht. Das stimmt aber leider nicht. Nicht jeder Mensch ist für alles geeignet. Extrinsisch kann sich vielleicht jeder für bestimmte Ziele motivieren, fehlen aber die anderen Motivationsarten, reicht das nicht aus. Und es muss (und kann) ja auch nicht jeder ganz oben stehen. Deswegen ist die ehrliche Frage, was man wirklich will und was zu einem passt, so wichtig. Du musst dich kennen, wenn du erfolgreich sein willst. Und zufrieden.

Zufriedenheit

Gerade viele Hochleistungsperformer fragen mich, wie sie mehr Zufriedenheit in ihr Leben bringen könnten. Wenn ich sie dann bitte, Zufriedenheit zu definieren, dann wissen viele gar nicht, was sie darunter verstehen, was sie sich also eigentlich wünschen. Oft kommen dann nur Allgemeinplätze: mal runterkommen, mal glücklich sein. Wenn ich frage, ob sie diesen Zustand, den sie sich wünschen, schon mal erlebt haben, verneinen das die meisten.

Vielleicht kennst du da auch. Wir sehnen uns nach etwas, haben aber gar kein genaues Bild davon. Und viel zu oft werden wir dann zu Passagieren unserer Karriere, statt dieses Flugzeug selbst zu steuern. Wir lassen uns von nicht wirklich definierten Zielen und unklaren Sehnsüchten vorantreiben. Irgendwann haben wir dann vielleicht eine tolle Position und viel Geld, fühlen uns aber getrieben und unzufrieden.

Warum sagt niemand: »Ich bin mit meinem Weg zufrieden. Ich bin dankbar, dass ich einen solchen Weg machen darf beziehungsweise machen durfte.«?

Die meisten sind immer in dem Modus, dass etwas fehlt. Fast alle sagen ja auch: »Ich will Karriere machen.« Das heißt, sie projizieren es in die Zukunft. Momentan fehlt ihnen etwas, und wenn sie dann Karriere gemacht hätten, dann hätten sie, was sie wollen. So klappt das aber nur selten.

Was heißt denn nun wirklich Zufriedenheit? In dem Wort steckt »Frieden«. In Momenten des Friedens gibt es keine Wertung, keine Verurteilung, keine Erwartung, keinen Druck. Es ist alles okay so, wie es ist. Frieden halt ...

Zufriedenheit ist auf jeden Fall, wie fast alle Gefühle, kein Dauerzustand. Es sind Momente, die wir erleben. Momente, die kommen und gehen. Momente, die wir selbst kreieren können, wenn wir aus der Dauerschleife »Es fehlt was« herauskommen hin zum »Es ist alles da« oder auch zu dem Gefühl »Auch wenn noch etwas fehlt, ist mein Leben, meine Welt, ich selbst trotzdem in Ordnung«.

Wer einer Dauerzufriedenheit hinterherjagt, wird den einzelnen Moment voller Zufriedenheit weder merken noch spüren oder genießen können.

Mit dem Glücklichsein verhält es sich ebenso – es sind lediglich Momente.

Niemand ist von morgens bis abends und von montags bis sonntags glücklich und zufrieden. Das ist ein schräges Ideal in unseren Köpfen, das mit der Realität wenig bis nichts zu tun hat.

Dazu kommt leider auch noch folgende Tatsache: Je intelligenter jemand ist, umso mehr zweifelt er auch – und das sind dann natürlich keine Momente voller Zufriedenheit und Glück.

Reflexion:
Fragen zur Zufriedenheit

- Kenne ich das Gefühl der Zufriedenheit?
- Kenne ich das Gefühl des Friedens?
- Was verschafft mir inneren Frieden?
- Wie ist meine Persönlichkeit in puncto Zufriedenheit angelegt?
- Bemerke ich die kleinen Momente der Zufriedenheit in meinem Leben?
- Kann ich sie benennen?
- Kann ich sie reproduzieren?
- Erlaube ich mir, die Erfüllung wirklich zu spüren, wenn mir etwas gelungen ist?
- Kann ich mich selbst loben oder feiern, wenn mir etwas Gutes gelungen ist?
- Fühle ich mich grundsätzlich zufrieden mit meinem Lebensweg?
- Fühle ich mich zufrieden in meiner Partnerschaft?
- Was fehlt mir, um mich zufrieden fühlen zu können?
- Erst einmal unabhängig von der Realisierbarkeit: Was würde mich wirklich zufrieden machen?
- Wofür kann ich dankbar sein, weil es mir dazu verhilft, zufrieden zu sein?

Es ist ganz normal, dass wir uns nach einem Erfolg freuen und uns durchaus auch zufrieden fühlen – wenn wir es denn zulassen.

Leider aber verblassen diese positiven Gefühle bald, und wir brauchen wieder neue Ziele, neue Herausforderungen.

Ich selbst habe ein gut gehendes Geschäft, bin sehr zufrieden damit und gründe trotzdem, während ich zusätzlich an diesem

Buch schreibe, eine neue Firma, ELEAN – Die Erfolgsakademie. Warum tue ich das?

Ich weiß mittlerweile ganz genau, warum: Ich möchte Menschen, die nach den alten Mustern in Führungspositionen gekommen sind, dabei unterstützen, auf eine neue, andere, gewinnbringendere Weise mit anderen umzugehen – ganzheitlicher, sinnstiftender, gesünder. Ich möchte, dass Topmanager auf eine nachhaltigere und insgesamt bessere, zugleich aber umso erfolgreichere Weise mit ihren Mitarbeitern und Angestellten interagieren.

Auch dieses Buch: Ich schreibe es, damit zumindest ein paar mehr Menschen begreifen, dass sie auf eine Weise Karriere machen können, die Gesundheit, erfüllende Beziehungen und eine grundsätzliche Lebenszufriedenheit miteinschließt. Ich möchte Menschen dabei unterstützen, auf eine leichtere Art dahin zu kommen, wohin sie wollen.

Das macht mich ebenfalls glücklich und zufrieden. Das feiere ich dann auch. Und dann brauche ich wieder eine neue Challenge, ein neues Projekt. Vielleicht ein neues Buch?

Stresst mich das alles? Nein. Und warum nicht? Weil es mir einen höllischen Spaß macht und ich mittlerweile meine Grenzen kenne und in einer gewissen Balance lebe.

Die wenigsten feiern ihre Erfolge und sich selbst. Wie ist das bei dir?

Die Zufriedenheit oder das Glück, nach denen wir uns sehnen, kommen nicht von allein. Aber jeden Tag können wir uns Momente erschaffen – manchmal müssen wir sie auch nur bemerken und zulassen –, in denen diese Empfindungen da sind. Und dann geht es darum, sie wirklich auch zu genießen und vielleicht auch aufzuschreiben, um sie später reproduzieren zu können.

Wir können uns Etappenziele setzen, die wir auch tatsächlich erreichen können. Und dann sollten wir sie auch feiern und ganz bewusst das Gefühl der Zufriedenheit zulassen, das diese kleinen Siege in uns auslösen. Das gehört ebenfalls dazu, wenn man sich selbst in seiner Persönlichkeit fördern und entwickeln will.

Das Förderband des Lebens

Gern stelle ich mir das Leben auch so vor wie ein ganz langes Förderband, auf dem wir im immer gleichen Tempo nach vorn geschoben werden. Wenn wir auf die Welt kommen, ist es, als würden wir auf diesem Band landen, und in einen Tunnel hineinfahren, in einen langen Gang. Links und rechts gibt es Luken, die kurz aufgehen, wenn wir vorbeikommen. Wenn alles gut geht, bekommen wir dort im richtigen Moment auf bestimmten Ebenen Bestätigung – die Mutter lobt uns, der Vater bestärkt uns in unseren Fähigkeiten und so weiter.

Für jede Bestätigung im richtigen Moment, wenn die Luke offen ist, wird automatisch der Hebel »erledigt« umgelegt. Die Luke geht zu, das Stammhirn bekommt den Impuls »ist erfolgreich im System verankert« und weiter geht´s auf dem Förderband des Lebens. Ein Häkchen kommt an diese Erfahrung, und wir werden schon wieder weitertransportiert.

Wenn wir irgendwann 20 oder 30 sind, stellen wir fest, dass wir ein paar dieser Luken verpasst haben, dass irgendwie etwas fehlt in unserem Leben. Ein paar Häkchen auf der Liste unserer elementaren Lebenserfahrungen, ein paar Bestätigungen unserer Existenz und unserer Fähigkeiten haben wir nicht bekommen. Vielleicht hat uns unsere Mutter nie gelobt, oder von unserem Vater kam nie die Bestärkung, die wir gerade gebraucht hätten, und Ähnliches.

Viele Menschen trauern dem dann ein Leben lang nach.

So entstehen Sehnsüchte: Diese Menschen kreieren in ihrer Vorstellung ein perfektes Bild, so wie sie es sich wünschen, und hecheln diesem Bild, dieser Sehnsucht ein Leben lang erfolglos hinterher.

Wenn man sie fragt, ob sie das Gefühl oder die Situation, nach der sie sich sehnen oder die sie sogar verherrlichen, überhaupt schon mal erlebt haben, dann verneinen sie das zumeist. Sie trauern also etwas nach, ohne es zu kennen.

Sie klagen eventuell andere an, machen vielleicht jemanden für irgendetwas verantwortlich, allein deshalb, weil ihnen selbst (vermeintlich) etwas fehlt. Sie produzieren Schuldige und Opfer, wo es eigentlich keine gibt oder geben müsste.

Dass sie dann zumeist weder Zufriedenheit noch Glück empfinden können, versteht sich von selbst, weil eben immer dieses Gefühl des Mangels aus frühen Zeiten in ihnen herumwirbelt. Dieses Grundgefühl, dass etwas fehlt.

Das Kind in ihnen sehnt sich möglicherweise immer noch danach, einmal vom Vater in den Arm genommen zu werden. Einmal die Wertschätzung zu erfahren, nach der sie sich als Kind gesehnt haben. Der Zug ist aber leider schon abgefahren. Diese Entwicklungsluke hat sich geschlossen, und das Förderband ist mittlerweile schon ganz woanders.

Das Förderband geht niemals rückwärts. Wir werden diese Erfahrung nicht mehr machen, dass wir ein Kind sind, das von seinem Vater in den Arm genommen wird. Also sollten wir auch nicht mehr darauf hoffen oder es gar erwarten. Wir sollten, um bei diesem Beispiel zu bleiben, uns selbst und den Vater von der Erwartung freisetzen, dass irgendetwas in unserem Leben besser gelaufen wäre, wenn er in der gewünschten Weise für uns dagewesen wäre. Das ist der einfachste Weg, sich von seinen Sehnsüchten zu lösen und mit sich selbst und dem Vater mehr in Frieden zu kommen.

Statt an dem zu kleben, was vermeintlich fehlt, können wir zum Beispiel voller Dankbarkeit und Zufriedenheit auf all das schauen, was wir erhalten und was wir erreicht haben.

Vielleicht kannst du mit diesem Bild des Förderbandes noch besser verstehen, dass bestimmte Sehnsüchte aus deiner Vergangenheit kommen und du sie in deinem heutigen Erwachsenenleben loslassen kannst. Für viele meiner Klienten war das ein wesentliches Element zu wahrer Zufriedenheit und großen Erfolgen. (Etwas anders verhält es sich natürlich bei traumatischen Erfahrungen, die unbedingt mit professioneller Hilfe aufgearbeitet werden sollten, damit man auf dem eigenen Weg vorangehen kann.)

Und weil wir manchmal Menschen beneiden, die scheinbar alles haben: Es gibt niemanden, der alle Häkchen an den jeweiligen Luken auf seinem Entwicklungsweg bekommen hat. Niemanden.

Wenn du mit dem, was hinter dir liegt, keinen Frieden hast, wie könntest du dann Frieden, Zufriedenheit in deinem jetzigen Leben empfinden?

Viele Menschen, die es in der Kindheit schwer hatten, können eine sehr starke extrinsische Motivation entwickeln. Es treibt sie an, es den anderen endlich zeigen zu wollen. Oder sie wollen keinen neuen Ärger auf sich ziehen und sind deshalb besonders fleißig. Oder wie auch immer das Muster geartet ist. Wenn sie Frieden mit dem Gewesenen schließen, kann es sein, dass diese extrinsische Motivation nachlässt.

Das heißt aber nicht, dass sie dann keine Karriere mehr machen können. Vielleicht entdecken sie, dass sie ein Visionär sind, und legen erst richtig los. Und da die alten Muster verschwunden sind, geht es für sie umso leichter. Die Gefahr, in einen Burn-out zu schlittern, ist jetzt deutlich geringer.

Was mir an diesem Bild des Förderbandes so gefällt, ist, dass es ganz leicht klarmacht, dass wir nicht so viel zurückzuschauen brauchen. Die Vergangenheit ist vorbei. Wir sollten bestimmte Dinge in Bezug auf unsere Prägungen und unseren Erfahrungen kennen, verstehen. Aber wir brauchen von der Vergangenheit nichts mehr zu erhoffen.

Außerdem macht das Förderband deutlich, dass wir uns entspannter durchs Leben tragen lassen können. Das Band bewegt sich immer weiter und bewegt uns dabei mit sich, egal ob wir uns darauf abstrampeln oder in Ruhe die Fahrt genießen und schauen, was wir auf unserem Weg gern machen und erreichen wollen.

Reflexion: Fragen zu deiner Persönlichkeit

- Was macht mich aus?
- Welche meiner Qualitäten fördern meine Karriere?
- Wie kann ich sie ausbauen und verstärken?
- Welche meiner Qualitäten bremsen mich auf meinem Entwicklungsweg?
- Wie kann ich damit umgehen?
- Habe ich ein Bild davon, dass eine erfolgreiche Karriere auch Gesundheit, erfüllte Partnerschaft, Freundschaften, ausreichend Freiraum und Zufriedenheit miteinschließen kann?
- Bringe ich die ganze Vielfalt meiner Persönlichkeit in mein Leben und in meine Karriere ein, meine gesamte Persönlichkeit?
- Traue ich mich und erlaube ich mir, auf meinem Karriereweg ganz ich selbst zu sein?

- Welche Sehnsüchte habe ich?
- Mit welchen Sehnsüchten kann ich jetzt sofort Frieden schließen und sie loslassen?
- Welche Sehnsüchte kann ich noch nicht loslassen, mit ihnen noch keinen Frieden finden? Und was kann ich tun, damit ich eben diesen Frieden doch finde?
- Welche »Schuldigen« habe ich noch in meinem Leben?
- Wobei oder bei wem fühle ich mich noch als »Opfer«?

Ausschlusskriterien für eine Karriere?

Gibt es K.-o.-Kriterien für eine Karriere? Sehr viele Menschen würden sagen, dass zum Beispiel zu viel Sensibilität Karrieren unmöglich machen kann, Feinfühligkeit, eine starke soziale Ader und Ähnliches.

Aber stimmt das? Oder sind das nur alte, heute längst nicht mehr gültige Bilder von Karriere, die wir in unserer Gesellschaft noch nicht abgelegt haben?

Wie ist es mit der Sensibilität? Wie ich bei der Speiche der Emotio und der Intuition noch darstellen werde, ist Sensibilität entgegen der landläufigen Meinung absolut entscheidend auf dem Karriereweg. Zum einen werden wir unweigerlich immer Entscheidungen aus dem Bauch heraus treffen – und erfolgreiche Menschen vertrauen genau darauf.

Zum anderen können wir nur mit einer ausreichend vorhandenen und auch geschulten Sensibilität bestimmen, wo wir stehen, was wir wirklich wollen, was zu uns passt, was erreichbar ist und wie wir im Sinne unserer Vorhaben und unserer inneren Zufriedenheit mit anderen Menschen umgehen können.

Ja, noch immer sind in den meisten Unternehmen Ehrlichkeit und Offenheit in Bezug auf Gefühle leider ein Tabu. Doch das wird sich ändern. Es werden ganz neue, vielfältige Möglichkeiten im Wirtschaftsleben und damit auch allgemein in unserem Leben entstehen. Menschen, die in ihrer Persönlichkeit dafür offen sind oder sich zunehmend dafür öffnen, bringen damit eine Menge Potenzial in unsere sich stark wandelnde Zeit ein.

Ohne Gefühle ist keine erfüllende Karriere möglich.

Menschen, die im Laufe der Geschichte wirkliche Bilderbuchkarrieren hingelegt haben, waren oftmals Pioniergeister. Und genau solche Menschen können heute die neue Zeit maßgeblich mitgestalten. Natürlich müssen sie sich dabei trauen, alte Pfade zu verlassen und mit viel Gespür etwas bislang Unerkanntes zu wagen, was in die aktuelle Zeit passt und den Menschen wirklich dient. Nicht jeder muss so ein Pionier, eine Pionierin sein. Doch vielleicht bringt deine Persönlichkeit diese Eigenschaften mit. Das könnte wichtig für dich zu entdecken sein.

Als ein weiteres echtes Ausschlusskriterium für eine Karriere gilt bei vielen die Angst. Aber auch das stimmt so nicht. Wir alle haben in bestimmten Ausprägungen vor unterschiedlichen Dingen Angst, der eine mehr, die andere weniger.

Einige mögen evolutionär begründet sein – wer lässt sich schon gern von einer Raubkatze fressen? Andere beruhen auf Prägungen in der Kindheit. Wenn der Chef uns anraunzt oder auch nur freundlich kritisiert, kann es sein, dass wir in eine Angststarre fallen, die wir in der Kindheit oft erlebt haben, wenn uns Eltern oder Lehrer angegangen sind. Wir können dann einfach nichts mehr sagen.

So etwas heißt aber nicht automatisch, dass wir keine Karriere machen könnten. Die Frage ist, wie wir heute mit diesen Dingen umgehen.

Der erste Schritt ist aus meiner Erfahrung, sich solche Ängste bewusst zu machen, sie benennen zu können und zu akzeptieren, dass sie da sind, auch da sein dürfen.

Wenn wir wissen, dass ihre Ursache letztlich in der Vergangenheit liegt und uns der Vorgesetzte nur an die alten Erfahrungen erinnert, dann können wir das aktuelle Erleben entemotionalisieren und nach und nach lernen, auf solche Situationen anders zu reagieren. Auch darum wird es bei den weiteren Speichen noch gehen.

Wir alle haben Ängste. Und wir alle dürfen Ängste haben. Die Frage ist: Wie gehen wir damit um?

Wichtig ist, sich bewusst zu machen, dass wir als Kind von unseren Bezugspersonen abhängig und relativ hilflos waren. Darum sind diese Ängste und ähnliche Emotionen so stark. Gefühlt ging es damals oft um Leben und Tod. Wenn wir als Baby hungrig waren und geschrien haben, aber es kam eine Zeit lang niemand, konnte das in unserem Erleben schnell dramatisch werden. Heute aber sind wir erwachsen und haben ganz andere Möglichkeiten. Dann brauchen wir – um im Beispiel zu bleiben – einen emotionalen Ausbruch eines Vorgesetzten nicht persönlich zu nehmen. Wir wissen, dass es seine Baustelle ist, wie er sich benimmt. Und wir wissen, dass wir von ihm nicht so abhängig sind, wie der kindliche Teil in uns vielleicht glauben mag.

Auch mit all deinen Ängsten kannst du erfolgreich sein und bist fähig, dein Leben nach deinen Vorstellungen zu gestalten. Wenn du hinschaust. Wenn du dich reflektierst, dich mit all deinen Ängsten so annimmst, wie du bist, und dann bewusst deine Schritte machst.

Mach dir die beschriebenen Zusammenhänge bewusst, wenn dich Ängste packen. Akzeptiere, dass sie da sind, da sein dürfen und Teil deiner Persönlichkeit sind. Akzeptiere dich selbst mit deinen Ängsten.

Wisse, dass sie aus deiner frühen Kindheit stammen, meist sogar aus einer Zeit, als dein Verstand noch nicht aktiv war – die intensivsten Prägungen erfahren wir in den ersten drei Lebensjahren. Lass die Ängste dann ziehen. Wende dich etwas anderem, etwas Positivem zu. Das ist ein Training, mit dem du sehr viel verändern kannst. Die Ängste verlieren schnell ihre Intensität und ihre Wirkdauer.

Probiere es aus, trainiere es am besten täglich, zumindest für ein halbes Jahr. Aus meiner Erfahrung funktioniert es sehr gut.

Viele meinen, dass wir gegen Ängste ankämpfen müssten. Das aber funktioniert meines Wissens nicht. Wenn du stark im Kopf bist, kannst du sie vielleicht eine Zeit lang verdrängen. Doch dann kommen sie etwas später, oft auch in einem anderen Zusammenhang wieder um die Ecke.

Wenn du sie hingegen annimmst, wenn du dir erlaubst, Ängste zu haben, ohne dich deswegen zu verurteilen oder abzuwerten, dann werden sie meist schon schwächer. Vielleicht erstarrst du, wenn dich ein Vorgesetzter anbrüllt. Doch wenn du mit der Angst bist und dir bewusst machst, was da passiert, wirst du vielleicht beim übernächsten Mal schon anders reagieren und dich wehren, dir das Angebrülltwerden freundlich, aber bestimmt verbitten oder ganz ehrlich sagen, dass es dich verletzt. Du weißt, dass die Hilflosigkeit, die du empfindest, nicht der realen aktuellen Situation entspricht, sondern aus einer Zeit stammt, in der du wirklich machtlos warst.

Ein kleiner Tipp am Rande: Wenn du Angst hast, atme doppelt so lang aus wie ein. Mach das ein paar Minuten lang und du wirst sehen, dass es hilft.

Du merkst sicher schon: Karriere ist ein lebenslanges Lernen, mit dem umzugehen, was dich als Persönlichkeit ausmacht. Je besser dir das gelingt, umso besser wird deine Karriere zu dir passen und umso leichter werden sich Erfolge einstellen. Ganz nebenbei veränderst du damit auch dein Umfeld. Du machst es immer stärker salonfähig oder besser unternehmensfähig, bewusst an seiner Persönlichkeit und an der eigenen Gefühlswelt zu arbeiten. Dann brauchen irgendwann immer weniger Menschen den Großteil ihrer Energie darin zu investieren, eine Fassade aufrechtzuerhalten. Sie können einfach sie selbst sein. Und das setzt eine Menge Energie für das frei, was ihnen wirklich wichtig ist.

Reflexion:

Fragen zur Angst

- Wovor habe ich Angst?
- Welche Ängste möchte ich nicht zugeben?
- Wie lange begleiten mich diese Ängste schon?
- Wie kann ich zu meinen Ängsten stehen und mich nicht mehr von ihnen ausbremsen lassen?
- Warum bin ich auch (oder gerade) mit meinen Ängsten ein erfolgreicher Mensch?

Nicolai Reisenthel

Wie definierst du den Begriff »Karriere«?

Für mich ist Karriere die Erfüllung meiner unternehmerischen wie auch persönlichen Ziele und die Fähigkeit, die als Vorankommen und Etwas-Bewegen verstanden werden kann. In erster Linie ist der Begriff für mich die Verantwortung für mein Tun, aber er umfasst auch, stets Möglichkeiten wahrzunehmen und sich permanent weiterzuentwickeln. Er ist gepaart mit einer hohen Lernbereitschaft und Kritikfähigkeit.

Welches sind deine drei bis fünf Schlüsselfaktoren für eine erfolgreiche Karriere?

- Konstanter und permanenter Wille zur Verbesserung. Selbstreflexion beziehungsweise gesunde Selbsteinschätzung.
- Sinnesaufmerksamkeit – Fähigkeit für eine schnelle und sehr genaue Wahrnehmung.
- Effektive Arbeitsweise.
- Blick für das Wesentliche.

Deine Arbeit mit Holger

Holger hat die außerordentliche Fähigkeit, aus seiner Menschenkenntnis und seinen Erfahrungen heraus sehr schnell und präzise den Kern herauszuarbeiten, der nicht passt und daher aktiv reflektiert sowie bearbeitet werden muss. All das macht Holger in einer angenehmen, direkten Art und Weise. Er kann mich ebenfalls sehr schnell zum Widerspruch in meinen eigenen Aussagen führen.

Als kleine und einprägsame Weisheit hat Holger mir gleich zu Beginn die Aussagesätze, die ein »man« als Personalpronomen enthalten, vor Augen geführt, denn »man« kann jeder oder keiner sein. Es muss genau definiert werden, wer dieser »man« ist. Und zwar fast immer ich selbst ...

Nicolai Reisenthel *ist Geschäftsführer und Mitinhaber der GO IN GmbH.*

Betriebsblindheit – warum der Blick von außen so wichtig ist

Fast alle Menschen, die etwas erreichen wollen, suchen sich auf ihrem Weg eine neutrale Person, die sie reflektiert. Das kann eine Therapeutin sein, ein Coach, ein Supervisor oder irgendeine Form von Berater oder Beraterin.

Wir haben jede Menge blinde Flecken und ohne, dass uns jemand von außen reflektiert, werden wir auf unserem Entwicklungsweg nicht weit kommen. Familie, Partner und Freunde reflektieren uns emotional und eindimensional. Sie »brauchen« uns ja auch auf eine bestimmte Weise, da wir Teil ihres Systems sind. Ihr Blick auf uns kann manchmal eine wertvolle Rückmeldung sein, ist aber niemals wirklich neutral oder gar allumfassend.

Ich selbst bin seit 20 Jahren in diesem Geschäft, lasse mich aber seit 25 Jahren coachen und werde das auch immer weiter tun. Natürlich wüsste ich sehr genau, wie es geht. Ich habe alle Werkzeuge, um mich positiv weiterzuentwickeln. Aber ohne ein neutrales Feedback von außen wird es unnötig schwer, und vieles wird gar nicht möglich sein.

Vor allem bestätigt sich eines immer wieder: Je intelligenter Menschen sind, desto einfacher können sie sich selbst bescheißen, es braucht nur eine nachvollziehbare Logik in der Argumentationskette.

Ich erzähle das, weil ich hoffe, dass du die veraltete Vorstellung, alles allein schaffen zu müssen, damit loslässt. Es ist wirklich keine Schande, sich Unterstützung im Umgang mit der eigenen Persönlichkeit zu suchen. Im Gegenteil. Es zeugt von Stärke und vom wirklichen Willen, etwas zu erreichen. Es lässt uns einfacher, gesünder und zufriedener an unsere Ziele kommen. Vorausgesetzt, die Person, die wir uns suchen, taugt etwas.

Natürlich kostet es Überwindung, zu jemandem zu gehen, der einen »durchschaut«. Vor jemandem die eigenen Schwächen zu offenbaren. Bei wem die Angst davor zu groß ist, der landet oftmals in den typischen, meistens anonymen Motivationsseminaren, die ihm einreden, dass er jeden Tag wie ein Adler fliegen könne, wenn er es nur richtig machen würde. Das fühlt sich toll an – aber der Absturz ist fast immer vorprogrammiert.

Denn oftmals ist es nur ein Ablenken von dem, was innerlich noch unentdeckt und unaufgeräumt ist. Die Fassade wird dann dicker oder glänzender, das hilft aber nicht wirklich weiter.

Was uns meiner langjährigen Erfahrung nach wirklich weiterbringt, ist, dass wir uns dem stellen und das annehmen, was unser Wesen und unsere Persönlichkeit ausmacht, positiv wie negativ.

Damit zeigen wir uns – zumindest vor uns selbst – in unserer ganzen Schwäche, unserer ganzen Verletzlichkeit. Genau das aber macht am Ende stark.

Hier kommt wieder die schon erwähnte Sensibilität ins Spiel. Ich kenne kaum erfolgreiche Unternehmer oder Sportler, die nicht zugleich auch hochsensibel sind. Genau das als Stärke zu erkennen und für sich zu nutzen, darin liegt für sie ganz oft der Schlüssel.

Am Beispiel der Hochsensibilität erkennt man sehr gut, wie wichtig der Blick von außen sein kann. Seit dieses Phänomen ins Blickfeld der Öffentlichkeit gerückt ist, erkennen sich immer mehr Menschen darin wieder. Von selbst wären sie nicht darauf gekommen, dass sie zu einer bestimmten Gruppe von Menschen mit besonderen Eigenschaften gehören, eben einer besonders feinen Sensibilität, oftmals gepaart mit einer Hochbegabung. Sie hielten sich oft jahrzehntelang für »sonderbar« und oft auch für falsch. Um die Hochsensibilität zu wissen, macht es für viele sehr viel leichter. Sie wissen plötzlich: »Ich bin okay. Und ich bin mit meiner Art nicht allein.«

Sie erfahren dabei zum Beispiel auch, dass Menschen mit einer sehr hoch ausgeprägten Sensibilität besonders viel Sicherheit im Leben brauchen. Daraufhin verurteilen sie sich nicht mehr dafür und wollen diesen Persönlichkeitszug auch nicht mehr loswerden. Sie akzeptieren ihn als Teil ihres Soseins. Sie schauen konstruktiv, wie sie in dieser Hinsicht bestmöglich für sich sorgen können.

Ein berührendes Beispiel dafür ist eine Klientin von mir, deren Tochter begnadet Geige spielt. Wenn das Mädchen allerdings zum Bäcker gehen sollte, traute sie sich nicht. Bis die Mutter eines Tages die Idee hatte: »Nimm doch deine Geige mit zum Bäcker.« Das war für die Tochter möglich. Das Instrument vermittelt ihr die nötige Sicherheit, und seit sie es überall mit hin nimmt, traut sie sich Dinge, die ihr vorher nicht möglich waren. So sieht eine kreative Lösung aus, die Weiterentwicklung ermöglicht, und ein ebenso einfühlsamer wie geschickter Umgang mit der eigenen Persönlichkeit.

Anregung: Wenn die Speiche der Persönlichkeit wackelt oder angeknackst ist

Wir sollten wissen, welche Qualitäten uns ausmachen, wie wir funktionieren und wie wir mit dem ganzen Bündel an Eigenschaften, die unsere Persönlichkeit eben bilden, am besten umgehen können. Dann können wir kreativ und erfüllt unsere Karriereziele verfolgen, wie auch immer sie aussehen. Wenn wir uns nicht kennen, wird es sehr schwer bis unmöglich, Karriere zu machen. Dann stehen wir uns selbst ständig im Weg. Und wir geben den Einflüssen von außen viel zu viel Macht, weil wir uns selbst im Zusammenspiel damit nicht zu steuern wissen.

Diese Speiche ist aber oft nur scheinbar ein Karrierekiller. Denn wie beschrieben glauben wir häufig, mit bestimmten Eigenschaften oder Persönlichkeitsmerkmalen für die nächsten Schritte nicht geschaffen zu sein. Und genau das kannst du hinterfragen. Denn entweder sind die vermeintlichen Bremsen in deiner Persönlichkeit in Wahrheit Entwicklungsbeschleuniger. Oder aber deine Ziele passen gar nicht wirklich zu dir und sollten neu definiert werden.

Für deine Karriere, wie auch immer sie aussieht oder aussehen soll, musst du dich kennen. Der Entwicklungsweg besteht daher zu einem guten Teil darin, nach und nach immer mehr blinde Flecken aufzulösen. Das kannst du sehr gut mit den hier aufgelisteten reflektierenden Fragen beginnen. Außerdem kann ein Coaching diesen Prozess beschleunigen.

Ist diese Speiche stabil, ist das ein enormer Gewinn für das gesamte Rad. Denn mit einer geklärten Persönlichkeit und einem Bewusstsein über den bestmöglichen Umgang mit dir selbst kannst du dich konstruktiv und kreativ um die anderen Speichen kümmern, wenn es dort Schwierigkeiten gibt. Diese erste Speiche hat damit eine besonders hohe Bedeutung für deine Karriere.

David Möller

Wie definierst du den Begriff »Karriere«?

Karriere bedeutet für mich, insbesondere in beruflicher (oder leistungssportlicher) Sicht einen Weg einzuschlagen, von dem ich überzeugt bin, dass er zu einem gewissen Ziel, dass ich mir selbst wünsche oder ausmale, führt. Dabei dominiert der Wunsch, etwas zu tun, was mich glücklich macht und gleichzeitig einen starken Sinn in meinem Leben stiftet. Dieser Weg oder diese Laufbahn soll mir helfen, mich so in meiner Persönlichkeit zu entwickeln, dass ich das Beste aus mir selbst herausholen und einen ganz tief empfundenen Wunsch erreichen kann.

Welches sind deine drei bis fünf Schlüsselfaktoren für eine erfolgreiche Karriere?

Zunächst ist es für mich wichtig, ein Ziel vor Augen zu haben. Ohne ein klares Ziel beziehungsweise einen starken Glauben an sich selbst wird es schwer, eine erfolgreiche Karriere zu erreichen. Weiterhin glaube ich, dass eine starke innere Motivation und Passion für den eingeschlagenen Weg notwendig ist, die viel Kraft und Durchhaltevermögen insbesondere für die schweren Momente bereithalten. Ein weiterer Aspekt ist das Glücklichsein. Wenn ich etwas tue, was für mich sinnhaft ist und mich gleichzeitig glücklich macht, dann werde ich es gern tun, und ich strahle dies auch meinen Mitmenschen (Vorgesetzten, Kunden, Kollegen et cetera) gegenüber aus. Diese positive Ausstrahlung erleichtert es, das Ziel zu erreichen und glücklich zu sein.

Zum Schluss gehört eine gewisse Leichtigkeit zu einer erfolgreichen Karriere. Der Flow. Wenn ich glücklich bin und viel Sinn in dem eingeschlagenen Weg liegt, dann habe ich immer die nötige Energie, um auch harte und schwere Zeiten zu überwinden. Probleme werden zu Herausforderungen, die ich gern meistern möchte, und der innere Antrieb hilft mir, auch Rückschläge zu überwinden.

Was sind für dich die drei bis fünf größten Karrierekiller?
Ich glaube, der mit Abstand größte Karrierekiller ist der Zweifel, insbesondere der Selbstzweifel. Natürlich ist Zweifeln grundsätzlich nichts Schlechtes, jedoch dürfen Zweifel nicht dazu führen, dass man vor einer großen Herausforderung/Veränderung davonläuft oder einen eingeschlagenen Weg abbricht. Es gibt so viele Beispiele für Menschen, bei denen es erst beim dritten, vierten oder fünften Versuch geklappt hat. Der Glaube an sich selbst darf nie verloren gehen. Der zweite Aspekt ist sehr stark mit dem ersten verbunden. Zu viele externe Meinungen und Vorschläge von anderen lassen einen vom eigenen Weg/Ziel abkommen. Jeder geht seinen Weg und führt seine Karriere. Deshalb ist es meiner Meinung nach wichtig, sich selbst treu zu sein!

Als abschließenden Aspekt glaube ich, dass der Verlust des Fokus auf das eigene Ziel oder eine wiederkehrende Ablenkung auch dazu führt, dass der Erfolg ausbleibt. Wenn ich mir eingebildet habe, dass es Dinge gibt, die wichtiger für mich sind oder mehr Spaß machen, dann habe ich mich immer mal vom Wesentlichen ablenken lassen. Das sieht man oft bei Sportlern, die Partys oder Sponsorenveranstaltungen dem eigentlichen Training vorziehen. Eine gesunde Mischung ist gut und wichtig, aber schnell driftet man vom eingeschlagenen Weg ab. Nur mit einem starken Fokus auf die eigene Karriere bleibt die nötige Motivation und Energie für das Erreichen des angestrebten Ziels vorhanden. Natürlich gibt es noch weitere Faktoren wie Verletzungen, Schicksalsschläge in der Familie et cetera. Diese würde ich aber alle dem Bereich Zweifel oder Fokus zuordnen, da sie am Ende immer zu einem der genannten Aspekte führen.

Deine Arbeit mit Holger
Mit Holger Fischer zu arbeiten hat mein Leben bereichert. Dank ihm habe ich einen Weg zu mir selbst gefunden und bin mir meiner eigenen Persönlichkeit bewusst geworden. Er hat mir gezeigt, wie ich mir selbst vertrauen, mich selbst lieben und meinen individuellen Weg im Leben suchen kann. Holger hat mir dabei geholfen, einen Weg einzuschlagen, der mich glücklich macht!

David Möller *ist Weltmeister im Rodeln und mehrmaliger Medaillengewinner bei Weltmeisterschaften und bei Olympia. Heute arbeitet er als Unternehmens- und Steuerberater.*

Zweite Speiche des Erfolgsrades: Eltern und Ahnen

»Der Apfel fällt nicht weit vom Stamm.«

Sprichwort

Auch diese Speiche hat es in sich. Denn unsere Herkunft spielt eine ganz maßgebliche Rolle, auch in Bezug auf unsere Karriere. Unsere Vorfahren und unser Elternhaus haben uns in vielerlei Hinsicht geprägt und dabei unsere Einstellung zu unseren eigenen Qualitäten und Fähigkeiten, aber auch zu Erfolg, Geld, Status und so weiter mitbestimmt.

Wenn eine Karriere ins Stocken oder gar nicht erst richtig in Schwung kommt, kann es daran liegen, dass diese Prägungen keinen Erfolg erlauben – und dabei gibt es zahllose Spielarten.

Zunächst einmal ist die Unterscheidung wichtig: Waren deine Eltern oder Großeltern erfolgreich oder nicht? Haben sie Karriere gemacht? Oder bist du der oder die Erste in der Verwandtschaft, die einen solchen Weg anstrebt? Schwierigkeiten kann es in beiden Richtungen geben.

Nachkommen erfolgreicher Eltern

Wer erfolgreiche Eltern hat, für den ist es oftmals alles andere als leicht, aus deren Schatten herauszutreten. Außerdem ist er meist von der Erwartungshaltung beeinflusst, ebenso erfolgreich sein zu müssen. Oft sogar auch im gleichen Berufsfeld, auch wenn das vielleicht gar nicht seinen Neigungen entspricht. Viele sollen die Firma übernehmen, die ihre Vorfahren aufgebaut haben – und von Kindheit an wird gar kein anderer Weg zugelassen. An einer solchen Erwartungshaltung zerbrechen sehr viele. Sie entwickeln meist keine eigene Identität außerhalb derer, die die Familie ihnen verpasst hat.

Immer sind sie »der Junge von …«, »die Enkelin von …«. Es ist wirklich eine Last, die sich jemand aus einer weniger erfolgreichen oder sogar berühmten Familie kaum vorstellen kann. Auch im Sport ist das Phänomen bekannt. Ich kenne beispielsweise kaum einen deutschen Sportler, der erfolgreicher geworden wäre als sein Vater oder seine Mutter, wenn diese erfolgreiche Spitzensportler waren.

Wir werden zum einen in der Kindheit von unserer Familie geprägt, zum anderen gibt es mittlerweile gut erforschte transgenerationale Phänomene. Dann übernehmen wir beispielsweise Muster von Großeltern oder Urgroßeltern, die wir gar nicht persönlich kannten, und lassen unseren Alltag davon einfärben. Wir erfahren vielleicht Ängste, die aus deren, uns nicht bewussten Kriegstraumata herrühren. Es ist daher ganz entscheidend, sich frühzeitig für solche Dinge zu sensibilisieren und eine eigene Identität aufzubauen. Was natürlich damit beginnt, die Identität abzubauen, die uns gar nicht entspricht, sondern die wir von unserer Familie, von deren Prägungen und Erwartungen übernommen haben. Das gilt insbesondere auch dann, wenn jemand das Unternehmen der Eltern übernehmen wird. Nicht von ungefähr heißt es über die Generationen:

Des Ersten Not.
Des Zweiten Brot.
Die Dritten machen's tot.

Hierzulande sieht man, wie die Nachkriegsgeneration aus der Not heraus viel aufgebaut hat, die nächste Generation konnte gut davon leben und die darauffolgende begann, vieles davon wieder zu zerstören.

Ganz oft liegt das an mangelnder Kommunikation, unausgesprochenen oder/und überzogenen Erwartungen und eben der Ignoranz der eigenen Identität, die nie ganz entwickelt wurde beziehungsweise der nicht erlaubt wurde, sich zu entwickeln.

Je größer das Erbe in materieller Hinsicht und mit Blick auf den Status ist, umso leichter kann es tatsächlich zum Karrierekiller werden. Bei jedem »Sohn von …«, jeder »Tochter aus dem Hause …« schwingt mit: Die sind nur in dieser Position, weil sie aus dieser Familie stammen.

Sie haben nichts Eigenes vorzuweisen. Von außen betrachtet sind solche Strukturen natürlich Türöffner, für den Menschen selbst aber ist es jedes Mal so, als würde noch der Beweis ausstehen, dass er aus sich heraus auch etwas wert ist. An diesem Gefühl, dass immer noch der Beweis für die eigene Güte erfolgen muss, kann man wirklich kaputtgehen. Von Kindheit an steht man immer im Schatten der erfolgreichen oder sogar berühmten Eltern, wird über sie definiert, beneidet, in der Schule gehänselt. Und man soll später in deren Fußstapfen treten.

Hier stellt sich die erste wesentliche Frage: Will ich das wirklich? Will ich mich in dem gleichen Bereich, in der gleichen Firma, in der mein Vater oder meine Mutter groß geworden sind, beweisen? Kann ich mich da selbst verwirklichen, mich selbst entfalten?

Der Druck ist hier oft enorm – mal direkt, mal subtil: »Du kannst natürlich frei entscheiden … Aber es wäre schon schön. Sonst wäre ja alles umsonst gewesen, was schon dein Großvater aufgebaut hat …« Aus solchen Vorgaben heraus zum eigenen Lebensweg zu finden, ist herausfordernd. Aber nötig, wenn die Karriere erfüllend sein soll.

Reflexion:
Erste Fragen zum Thema Eltern und Ahnen

- Bin ich schon tatsächlich ich selbst?
- Wer bin ich?
- Habe ich mich schon von meinen Eltern gelöst?
- Sind mir die Erwartungen meiner Vorfahren an mich bewusst?
- Werden diese Erwartungen klar kommuniziert?
- Entsprechend diese Erwartungen denen, die ich an mich selbst habe?
- Folge ich dem, was meine Familie für mich vorgesehen hat?
- Steige ich in das Unternehmen der Eltern ein? Und wenn ja, warum?
- Weiß ich selbst, was ich in diesem Leben will?
- Welche Erwartungen habe ich an mich selbst?

- Was sind meine Ziele?
- Bin ich diesen Zielen gewachsen?
- Wäre ich den Zielen, die meine Familie für mich vorsieht, gewachsen?
- Komme ich mehr nach meinem Vater oder mehr nach meiner Mutter? Und passe ich damit wirklich in die Businesswelt, in die ich gehen will?

Eine spezielle Form der noch nicht gänzlich erfolgten Abnabelung kann es sein, wenn Menschen sagen, dass ihre Mutter oder ihr Vater ihre Vorbilder sind. Unabhängig davon, ob sie nun besonders reich, berühmt und erfolgreich sind oder waren. Das klingt erst einmal schön und nach einer guten Familie – das Problem hierbei ist aber, dass man seinem Vorbild nacheifert, es dabei aber nie erreichen oder überholen wird.

Es bleibt immer über einem selbst. Wer wird schon besser als sein Vorbild? Kaum jemand. Irgendwann sollte man daher darauf achten, dass man seine Eltern nicht auf einen Sockel stellt, der höher ist als der, auf dem man selbst eines Tages stehen kann. Man schränkt sich sonst enorm ein.

***Vor*bilder sind immer *vor* dir. Das schränkt deinen Blick ein, und du kannst selten weiter gehen, als sie gegangen sind.**

Natürlich kannst du in Teilbereichen deiner Mutter oder deinem Vater nacheifern. Vielleicht war dein Vater besonders empathisch und kommunikativ oder deine Mutter sozial sehr engagiert – wunderbar, tu das selbst auch nach Kräften. Wenn es aber um den Beruf und den Erfolg geht, sollten die Eltern nicht dein Vorbild sein. Das gilt für erfolgreiche Eltern ebenso wie für erfolglose Eltern. Auch die brauchst du dir natürlich nicht zum Vorbild zu machen.

Letztlich ist das eine ganz simple Bewusstseinsübung. Stell dir zum Beispiel bildlich vor, wie du auf Augenhöhe neben deiner Mutter oder deinem Vater stehst und nicht mehr unter ihnen. Vielleicht lässt du sie auf ihrem Sockel stehen, stellst dich aber auf einen, der zumindest genauso hoch ist. Oder du schreibst dir selbst einen Brief, in dem du schriftlich versicherst, dass deine Eltern ab jetzt deine Eltern sind, aber nicht mehr deine Vorbilder. Wenn du diese Worte verinnerlicht hast, kannst du den Brief verbrennen und die Asche verstreuen. Du setzt mit einer solchen Aktion deine Eltern von deinen Vorstellungen frei und eröffnest dir selbst deinen eigenen Weg.

Daniel Caligiuri

Wie definierst du den Begriff »Karriere«?

Karriere ist für mich eine persönliche und sportliche (geschäftliche) Entwicklung. Eine Karriere ist nicht immer nur positiv! Es gibt auch immer wieder Rückschläge, denen man sich stellen sollte, während man weiterhin an sich glaubt.

Welches sind deine drei bis fünf Schlüsselfaktoren für eine erfolgreiche Karriere?

- Man sollte immer an sich glauben und zu 100 Prozent von sich überzeugt sein!
- Nie Mut und Spaß verlieren bei dem, was man tut!
- Rückschläge wegstecken und positiv nach vorne blicken!
- Dinge, die man sich vornimmt, zu Ende bringen.
- Auch Kritik annehmen können.

Was sind für dich die drei bis fünf größten Karrierekiller?

- Angst, Fehler zu machen, und sich nach einem Fehler verstecken.
- Sucht (Spielsucht, Alkohol, Drogen).
- Wenn man denkt, alles erreicht zu haben, und aufhört, weiterzuarbeiten.

Deine Arbeit mit Holger

Wir kennen uns schon etwa zehn Jahre! Er war und ist immer noch sehr wichtig in meiner privaten und sportlichen Entwicklung, hat in jeder negativen Situation einen guten Tipp und stellt einen »neu« und positiv ein! Er bringt einen dazu, Dinge zu Ende zu bringen, die man sich vornimmt.

Daniel Caligiuri *ist Fußballprofi mit bisher über 300 Bundesligaspielen.*

Nachkommen »normaler« Eltern

Kinder aus ganz normalen Familien haben es oftmals sehr viel leichter, ihren eigenen Weg zu gehen. Viele Nachkommen erfolgreicher und/oder reicher Familien tun sich beispielsweise auch schwer damit, sich im Beruflichen zu motivieren. Es öffnen sich ihnen von allein Türen, und finanziell haben sie es meist nicht nötig, selbst aktiv zu werden. Das aber verringert das Gefühl von Selbstwirksamkeit, das für ein zufriedenes Leben unabdingbar ist.

Auch für Kinder aus »normalen« Familien ist es natürlich wichtig, sich bewusst zu machen, welche Vorstellungen die Eltern mit Karriere, Geld, hohem Ansehen oder auch schon guten Leistungen in der Schule und einem Studium verbunden haben. Die Prägungen und Vorbildwirkungen hier können genau andersherum sein. Dann hieß es vielleicht: »Du brauchst doch nicht so viel Geld, schau mal, wir sind auch arm und dabei zufrieden … Bescheidenheit ist die höchste Tugend … Seit Generationen haben wir alle einfache Berufe, warum willst du plötzlich ›was Besseres‹ sein?«

Bei vielen Unternehmern und Profisportlern unter meinen Klienten hat der Schritt, sich innerlich von den Erwartungen der Eltern und von ihrer Vorbildfunktion zu lösen, den großen Durchbruch bewirkt. Es war wie eine Befreiung. Erwartungshaltungen konnten aufgelöst werden, egal ob sie vorher ausgesprochen waren oder nur subtil im Untergrund wirkten.

Midlife-Crisis

Prägungen aus dem Elternhaus wirken normalerweise, bis wir ungefähr 40 Jahre alt sind. Bis dahin sollten wir eine eigene Persönlichkeit und Identität ausgeprägt haben.

In den Vierzigern kommt üblicherweise die Midlife-Crisis, die für mich gar keine Midlife-Crisis ist, sondern ein evolutionsbiologischer Prozess, in dem wir noch einmal stark hinterfragen, was wir erreicht haben, wer wir geworden sind, ob das, was wir beruflich tun, das ist, was wir wirklich tun wollen, und was wir mit der zweiten Lebenshälfte überhaupt anfangen wollen.

Das Thema Eltern sollte nun abgeschlossen sein – in dem Sinne, dass wir unseren Frieden mit Vater und Mutter und unserer Kindheit gemacht haben. Wir wissen, woher wir kommen, welche Qualitäten aus dem Elternhaus wir weiterhin schätzen und pflegen und welche wir aus guten Gründen abgelegt haben.

Wie verhält es sich aber normalerweise damit in unserem Leben? Bis zur Pubertät sind unsere Eltern für uns beinahe gottähnlich. In der Pubertät wollen wir dann alles genau anders machen als unsere Eltern, sofern diese es zulassen. In den Zwanzigern wollen wir das vielleicht immer noch.

Irgendwann stehen wir dann im Berufsleben und haben eine eigene Familie – und allmählich merken wir, dass wir unseren Eltern immer ähnlicher werden. Genauso, wie wir eigentlich nie werden wollten.

Jetzt fängt oftmals die Arbeit an, wirklich man selbst zu werden und zu sein. Sich der Dinge bewusst zu werden, die man den Eltern verdankt, und sich von dem zu verabschieden, was einfach nicht zu einem selbst passt. Mit etwa 40 sollte das dann eigentlich geklärt sein.

Ab 40 sollten wir (spätestens) das tun, was uns wirklich Spaß macht und auf dieser Basis unsere Karriere gestalten.

Viele fangen in dieser Midlife-Crisis an, Marathon zu laufen oder sich andere spektakuläre Herausforderungen zu suchen. Oftmals ist das aber nur eine Kompensation von Unzufriedenheit oder ein Kaschieren der Angst vor dem Älterwerden. Tatsächlich sollte diese Phase dazu dienen, eine Bestandsaufnahme zu machen und den Lebensweg so auszurichten, dass man zufrieden seine Potenziale leben kann.

Reflexion:
Weitere Fragen zum Thema Eltern und Ahnen

- Wie sehe ich meine Eltern?
- Wie positioniere ich meine Eltern in meinem Leben und in meiner Karriere?

- Sind meine Eltern noch immer meine leuchtenden oder abschreckenden Vorbilder – oder gehe ich mittlerweile meinen eigenen Weg?
- Kann ich schon ohne meine Eltern leben/überleben?
- Wie stehen meine Eltern zum Thema Karriere? (Das kannst du sie auch direkt einmal fragen.)
- Wie stehen meine Eltern zu dem Thema Vermögen?
- Welches Bild herrschte in meiner Familie von reichen, erfolgreichen Menschen vor?
- Was wurde in meiner Familie mit typischen Statussymbolen wie einem Porsche oder einer Villa verbunden?
- Was würden meine Eltern sagen, wenn ich mit einem Ferrari vorfahren würde?
- Welche Glaubenssätze habe ich zum Thema Geld und Erfolg vermittelt bekommen?
- Welche Wertvorstellungen wurden mir vermittelt?
- Welche Unterschiede in Bezug auf den Beruf wurden in meiner Familie zwischen Mädchen und Jungen gemacht?
- Für Frauen: Dürfen im Weltbild meiner Eltern auch Frauen Karriere machen?
- Für Männer: Dürfen im Weltbild meiner Eltern Männer auch Gefühle und Schwächen zeigen?

Es kann sehr lohnend sein, als Erwachsene mit den Eltern mal über solche Fragen zu sprechen. Und sie auch zu fragen, wie das für sie in jungen Jahren war. Hatten sie Interesse an Karriere? Hätten sie die Möglichkeit genutzt, wenn sie sich geboten hätte? Was würden sie empfinden, wenn du zum Senkrechtstarter wirst? In einem solchen Austausch lässt sich auch klären, was das Eigene ist und was von den Eltern übernommen wurde. Was plappert man nur nach, und was ist wirklich stimmig für einen selbst?

Außerdem gewinnt man dadurch ein Verständnis für die Umstände der einzelnen Generationen. Viele unserer Großeltern oder Urgroßeltern hatten in und nach den Kriegen ganz andere Themen als Karriere. Sie wurden anders geprägt, haben ihre Kinder anders geprägt und auch das sitzt noch in unseren Zellen. Erfolgreiche Menschen wurden in diesen Generationen oftmals als bösartig, ausbeuterisch oder bestenfalls arrogant angesehen. Wenn du das unbewusst in dir so siehst, wird es schwierig mit dem eigenen Erfolg.

Prägungen loslassen

Immer geht es auch um die Frage, wie gesund man auf seinem Karriereweg ist und bleibt. Wenn die Prägung bei Männern so ist, dass sie niemals Schwäche zeigen dürfen und ihre Gefühle am besten gar nicht existent sein sollten, dann können sie sich vielleicht bis ganz nach oben boxen. Aber glücklich und gesund dabei sein? Das dürfte eher schwierig werden. Und wie steht es um die Führungsqualitäten von so einem Menschen? Wie wird er mit seinem Umfeld und seinen Mitarbeitern umgehen? Werden ihn seine mangelnden Führungsqualitäten irgendwann stoppen?

Neben all dem Aufarbeiten und Loslassen von Prägungen sollten wir aber auch die positiven Qualitäten unserer Vorfahren in den Blick nehmen. Denn sie haben wir sicher auch auf irgendeine Weise mitbekommen. Selbst wenn die Ahnen im klassischen Sinne nichts mit Karriere am Hut hatten – wenn deine Urgroßmutter sieben Kinder großgezogen hat, hat sie dabei Qualitäten gebraucht, die auch einer Karriere gut stehen dürften.

Und wenn du wirklich den Eindruck hast, überhaupt nichts mitbekommen zu haben, dann feiere das! Feiere, dass du frei bist.

Ein unbeschriebenes Blatt, das du selbst füllen kannst. Karriere zu machen ist deutlich einfacher, wenn du nicht durch bereits erfolgreiche Eltern oder Großeltern vorbelastet bist. Wenn du wirklich gut bist, spielt es auch keine Rolle, ob du durch deine Eltern in bestimmte Kreise vorgelassen wirst oder eben nicht.

Wirkliche Qualität wird erkannt und schließlich auch gefördert. Bestimmte Eintrittskarten – und dazu gehören auch berufliche Abschlüsse – sind anfangs hilfreich. Doch am Ende musst du liefern. Und wenn du das kannst, spricht es sich herum.

Ich hatte es bei der Speiche der eigenen Persönlichkeit schon angesprochen, aber es ist auch hier bedeutsam: Wir dürfen die Vergangenheit loslassen.

Oftmals haben wir noch bestimmte Erwartungen an unsere Eltern im Unterbewusstsein, die sich über subtile Sehnsüchte zeigen. Beispielsweise ist in vielen der Wunsch, von den Eltern Anerkennung für das zu bekommen, was sie sind und leisten. Wenn unsere Eltern uns diese Anerkennung in unserer Kindheit nicht geben konnten, tut das sehr weh. Als Erwachsene aber sollten wir diese Erwartung endgültig loslassen. Als Kind hätten wir diese Anerkennung gebraucht, bekamen sie aber nicht. Jetzt als Erwachsene brauchen wir sie nicht mehr, und sie hilft uns auch nicht mehr weiter. Jetzt ist es an der Zeit, diese Hoffnungen und Erwartungen loszulassen und uns die Anerkennung selbst zu geben. Damit setzen wir uns selbst ebenso frei wie unsere Eltern. Genau diese Freiheit braucht es, um die Ziele im Leben zu erreichen.

Anregung:
Wenn die Speiche *Eltern und Ahnen* wackelt oder angeknackst ist

Da wir alle unsere Prägungen haben, ist es für jede Karriere wesentlich, sich mit den Vorstellungen der Eltern und Vorfahren zum Thema Beruf, Geld, Status und Erfolg auseinanderzusetzen. Wenn deine Karriere aus scheinbar unerfindlichen Gründen stockt, geh die reflektierenden Fragen in diesem Kapitel durch. Sprich vielleicht auch mit deinen Eltern, mit deinen Kindern, sofern sie schon berufstätig oder in der Ausbildung sind, oder sogar noch mit Großeltern über das Thema.

Reflektiere, woher du in diesem Bereich kommst, und leg für dich fest, was du willst. Welche Erwartungen an dich bestehen, welche willst du erfüllen und welche nicht? Mach dich frei für deinen Entwicklungsweg. Schrittweise. Immer wieder neu.

Klaus Berge

Wie definierst du den Begriff »Karriere«?
Strecke/Zeit, die man auf dem Weg vom Start bis zum Ziel zurücklegt/braucht. Bezogen insbesondere auf die Bereiche Sport/Beruf/Politik. Für mich: der Lebensweg.

Welches sind deine drei bis fünf Schlüsselfaktoren für eine erfolgreiche Karriere?

- Familie, Freunde und Umfeld als Spiegel.

- Fähigkeit, Niederlagen/Rückschläge als Rückenwind für zukünftige Siege zu nutzen.
- Vertrauen des Trainers.

Was sind für dich die drei bis fünf größten Karrierekiller?

- Eltern, die Druck ausüben.
- Zufriedenheit.
- Mangelnde Druckresistenz.

Deine Arbeit mit Holger

Holger Fischer ist für mich seit vielen Jahren:

F reund
I ntensiv
S pannend
C ool
H ilfsbereit
E hrlich
R atgeber

Klaus Berge *ist Inhaber der Teamgeist Sportmanagement GmbH und ehemaliger Fußball-Bundesliga-Spieler.*

Dritte Speiche des Erfolgsrades: Beziehung, Freunde, Elternschaft

»Zeige mir deine Freunde, und ich sage dir, wer du bist.«

Weisheit

Von Kindheit an hat eine Vielzahl von anderen Menschen einen Einfluss auf uns – und damit auch auf unsere Karriere. Da ist natürlich die Familie. Das geht aber auch von den ersten Sandkastenfreunden bis hin zu unseren späteren Lebenspartnern, Freunden und Bekannten. Für mich ist hier der Satz wichtig und ein wertvoller Wegweiser:

Viele kommen, viele gehen, nur wenige bleiben.

Wenn sich ein Mensch weiterentwickelt, bleibt es meist nicht aus, dass sich sein Umfeld ebenfalls immer wieder verändert. Manche haben beispielsweise mit 50 trotzdem immer noch die gleichen Kumpels wie mit 16. Das ist möglich und auch okay – wenn es weiterhin stimmt und passt. Wichtig ist nur, darauf vorbereitet zu sein, dass es auf dem persönlichen Entwicklungsweg auch zu Veränderungen im Umfeld kommen dürfte.

Wie immer, wenn es um unsere Interaktion mit anderen Menschen geht, spielen auch hier eine Menge Muster und Prägungen hinein. Wie war zum Beispiel unser Stand als Kind auf dem Spielplatz oder in der Schulklasse? Waren wir die Streber oder die Clowns oder die wilden Unerziehbaren? Und wie zeigt sich das noch immer in unseren heutigen Beziehungen? Solche Fragen können dir helfen, dein Beziehungsgefüge im privaten Umfeld zu untersuchen und herauszufinden, inwieweit es dich fördert oder bremst.

Reflexion:
Fragen zum sozialen Umfeld

- Von wem bin ich umgeben?
- Wer sind meine Freunde?
- Was schätze ich an meinen Freunden?
- Was fehlt mir bei meinen Freunden?
- Warum sind meine Freunde mit mir zusammen? (Am besten mal fragen ...)
- Welche Einstellung haben die Menschen, mit denen ich die meiste Zeit verbringe?
- Mag und schätze ich meine Freunde wirklich oder bin ich nur aus Gewohnheit mit ihnen zusammen?
- Sind wir uns nah und können uns ehrlich und persönlich austauschen?
- Unterstützt mich mein Umfeld auf meinem Weg?
- Gibt es Menschen in meinem Umfeld, die mich eher blockieren?
- Passt mein Umfeld zu meinen Zielen?
- Was, glaube ich, bringt die anderen dazu, mit mir zusammen zu sein?
- Was könnte ich tun, damit es für mich passt: dass ich meinen Weg gehen darf, von meinem Umfeld unterstützt werde und den anderen ihre eigenen Ziele lassen kann?
- Wie kann ich mein Umfeld, meine Freunde unterstützen?

Unterstützer oder Bremsen?

Das ist die wesentliche Frage, wenn es darum geht, das eigene soziale Umfeld zu überprüfen. Und natürlich bezieht es auch die Partnerschaft mit ein. Wenn du Karriere machen willst, dein Partner oder deine Partnerin aber jeden Abend vorwurfsvoll fragt, warum du schon wieder erst um 20 Uhr von der Arbeit kommst, wird es schwierig.

Dein beruflicher Weg wird dann immer ein Kampf sein. Menschen auf dem Karriereweg sind meistens bereit, mehr zu leisten. Freunde oder Partner, die nicht auf Karriere orientiert sind, können das oftmals nicht verstehen, machen sich lustig darüber oder kritisieren es. Und du musst dann entscheiden, ob das für dich passt, ob es dich bremst oder ob ihr dennoch einen guten Umgang miteinander finden könnt.

Ich kenne so viele, die total gern bis abends um acht in der Firma sind, einfach weil es ihnen Spaß macht. Aber viele andere verstehen das eben nicht. Und dann steht die Frage im Raum, ob es das richtige Umfeld ist.

»Ist dir dein Beruf wichtiger als ich?« »Du bist doch mit deiner Firma verheiratet!« Solche Sprüche müssen sich viele anhören.

Auch hier geht es darum, dass du für dich Klarheit schaffst. Ja, es kann sein, dass dir dein Beruf aktuell das Wichtigste im Leben ist. Wenn das so ist, kannst du es klar kommunizieren, und dein Umfeld, speziell deine Partnerin oder dein Partner, können entscheiden, ob sie das so leben können und wollen. Bestenfalls haben sie eigene Ziele und sind nicht von dir abhängig und davon, dass du sie zum Fokus deines Lebens machst. Sprecht darüber. Fragt euch gegenseitig: Wie stehst du zum Thema Karriere? Die wenigsten reden über solche Dinge. In der ersten Verliebtheit ist Karriere kein Thema. Irgendwann wird die Beziehung zum Selbstläufer, und man hat sich über wesentliche Ausrichtungen im Leben nie ausgetauscht.

Beziehungen und Partnerschaften können Karrieren killen oder fördern.

Das Ganze verbindet sich auch mit dem, was wir zum Bereich Eltern und Ahnen besprochen haben. Denn natürlich spielen unsere Prägungen aus dem Elternhaus bei der Partnerwahl und bei der Gestaltung einer Partnerschaft maßgeblich hinein. Wenn ein Mann von seiner Mutter eher überbehütet versorgt wurde, wird er sich wahrscheinlich eine Frau suchen, die ebenfalls ein starkes Kümmerergen hat und dies auch gern lebt. Das allerdings kann seine Weiterentwicklung beschränken.

Denn eine solche Frau will oftmals gar nicht, dass sich der Mann weiterentwickelt und selbstständig wird, weil sie ja dann ihre Funktion verliert. Zugleich wird ein solcher Mann Schwierigkeiten mit einer Frau haben, die Karriere machen will. Denn das erfordert ganz automatisch auch Selbstständigkeit vom Partner. Wie auch immer die Muster liegen, es ist wichtig, sich solche Dinge bewusst zu machen.

Auch unsere Freunde haben immer Parallelen zu uns, ähnliche Lebenswelten, ähnliche Stärken und Schwächen. Damit ziehen wir uns erst einmal gegenseitig an.

Und es ist wichtig, darüber nicht die eigene Weiterentwicklung zu gefährden, denn Weiterentwicklung heißt, dass man sich verändert und damit Gefahr läuft, für die Freunde fremd zu werden oder umgekehrt mit ihnen nichts mehr anfangen zu können.

Unter Freunden kann es leicht passieren, dass man sich auf dem Karriereweg eher hemmt und nicht unterstützt, einfach weil man sich unterschwellig nicht verlieren will. Weil man sich nicht damit konfrontiert sehen will, dass sich der andere weiterentwickelt, während man selbst auf der Stelle tritt.

Wir suchen uns ein Umfeld, das unseren frühen Prägungen entspricht, und werden dann in genau dieser Art immer weiter geprägt. Wenn wir uns nicht proaktiv weiterentwickeln.

Dazu kommt, dass sich die Gespräche meist um all das drehen, was nicht gut läuft. Kaum jemand gibt dann mal einen Tipp oder bietet eine andere Sichtweise an, um das Ganze konstruktiv zu erheben. So ist es einfach meistens, wenn Menschen zusammenkommen. Wir können uns zwar schulen, lösungsorientiert und positiv zu denken und zu kommunizieren, allerdings könnte es dann passieren, dass wir unsere alten Freunde und vielleicht auch Partnerschaften verlieren. Immer aber werden neue Menschen in unser Leben kommen. Das passiert automatisch und ist ein sichtbares Zeichen für unsere Weiterentwicklung.

Ehrliche Kommunikation

Viele partnerschaftliche Konstellationen und auch Freundschaften können absolut zum Karrierekiller werden. Wenn ständig jemand am Hosenträger zieht, dass man doch nicht so viel arbeiten solle, dann funktioniert es nicht. Auch wenn es einen Sturm der Umorientierung nach sich ziehen kann, wir haben nur die Chance, ehrlich zu sein. Erst mal zu uns selbst: Was will ich? Was ist mir wichtig? Und dann den anderen mitteilen, was für uns bedeutsam ist.

Möglichst schon am Beginn einer Partnerschaft sollten wir ehrlich kommunizieren: »Ich habe Ziele im Leben. Die sind mir wichtig, und denen möchte ich treu bleiben. Das könnte bedeuten, dass ich manchmal nicht so viel Zeit für uns habe und dass mein

Fokus woanders ist. Kannst du gut damit leben? Wie ist es mit deinen Zielen?«

Leider führt kaum jemand solche Gespräche. Aber sie können späteren Ärger verhindern.

Wenn dann der Erfolg da ist, wird es nicht unbedingt leichter. Bist du dann derjenige oder diejenige, die im Restaurant oder an der Bar ständig die anderen einlädt? Traust du dich, das Thema Ehevertrag anzusprechen? Passt dein altes Umfeld noch zu dir, und erlaubst du dir, diese Frage überhaupt zu stellen?

Wenn ich sage, dass du ein Umfeld brauchst, das dich unterstützt, ist das natürlich nicht als Einbahnstraße gemeint. Ein stabiles Umfeld haben wir nur, wenn wir unsererseits auch die anderen unterstützen.

Selbstverständlich. Es ist ein Geben und Nehmen. Was aber passiert oft, wenn jemand erfolgreich wird oder ist? Er ist derjenige, der dauernd gibt und einlädt und borgt und schenkt und seinen Einfluss geltend macht. Und die anderen nehmen das gern an, belächeln oder kritisieren sein Engagement für den Beruf aber trotzdem im Stillen oder offen. Hier passt dann eindeutig etwas nicht, und auch das kann wieder die Karriere beeinträchtigen.

Wir brauchen immer auch Menschen, die weiter sind als wir, erfolgreicher und ähnlichen Zielen näher, als wir es momentan sind.

Wir können nicht immer nach hinten schauen, wenn wir vorwärtskommen wollen. Wir brauchen immer auch Menschen, die das schon kennen, was wir selbst gerade erleben oder noch vor uns haben. Nur mit ihnen können wir uns wirklich auf Augenhöhe austauschen. Es geht nicht mit Menschen, die unsere Erfahrungswelt überhaupt nicht teilen, bestimmte Handlungen und Themen nicht nachempfinden können, sich nicht reinfühlen können.

Von Menschen, die auf ihrem Weg weiter sind als wir, können wir auch mal ein ehrliches Feedback bekommen. Natürlich kann uns das auch jemand »Artfremdes« geben. Doch es wird viel weniger passen, wenn er unsere aktuelle Welt und die damit verbundenen inneren Prozesse gar nicht kennt.

Auch dieses Thema möchte ich entemotionalisieren. Es geht nicht darum, jemanden im Stich oder fallen zu lassen. Es geht um das Begreifen, dass sich auf dem Weg jeder Weiterentwicklung auch das persönliche Umfeld mit verändern darf, ja fast schon muss.

Wenn es nicht mehr zusammenpasst, wenn man keine gemeinsamen Themen mehr hat, keinen zumindest verwandten Lebensentwurf, dann können wir frühere Freunde auch allmählich gehen lassen.

Viele kommen, viele gehen, nur wenige bleiben.

Das ist ganz normal und gehört zu unserem Wachstum einfach dazu. Und es ist viel inspirierender, als wenn man immer nur mit den alten Kumpels abhängt, während man sich innerlich leer fühlt und es einfach nicht mehr so richtig stimmt.

Es muss aber natürlich nicht immer sein, dass man eine Freundschaft beendet. Vielleicht umgibt man sich vermehrt mit Leuten, die zur neuen Entwicklungsstufe passen, und hat dann ein bisschen weniger Zeit für alte Beziehungen. Vieles sortiert sich von allein neu, wenn man es nur zulässt.

Erfolg als Gefahr

Dass in diesem Bereich Beziehungskiller lauern, sieht man wieder besonders leicht im Profisport. Wenn dort jemand mit Anfang 20 erfolgreich, berühmt und reich ist, dann schmücken sich andere natürlich sehr gern damit, ihn näher zu kennen und sogar mit ihm befreundet zu sein. Je heller das Licht strahlt, desto mehr Motten werden angezogen.

Daraus entstehen aber selten wirkliche Freundschaften und Beziehungen auf Augenhöhe. Und oftmals muss wirklich aufgepasst werden, dass beispielsweise der erfolgreiche Profifußballer nicht in ein Umfeld gerät, das ihn ausnutzt, auf seinem Karriereweg destabilisiert oder dafür sorgt, dass sein vieles Geld auch ganz schnell wieder weg ist.

Es können auch die Partnerinnen größenwahnsinnig werden, wenn plötzlich so viel Geld da ist. Je mehr Kohle da ist, umso schneller schrauben sich die – meist unausgesprochenen – Erwartungen nach oben.

Erschwert wird das Ganze dadurch, dass es tatsächlich nicht einfach ist, neben einem berühmten und sehr erfolgreichen Menschen eine eigene Identität aufzubauen oder zu bewahren.

Ab einer bestimmten Ebene haben die meisten kaum noch jemanden in ihrem Umfeld, der sie auch mal kritisiert. Es mag schmeichelhaft sein, wenn man überall gelobt wird. Aber es bringt einen nicht dauerhaft weiter. Daher ist es ideal, Freunde zu haben, die die Persönlichkeit besitzen, einen auch im Erfolg kritisch zu reflektieren.

Und vielleicht sollte man sich einen Coach suchen, der aus einer neutralen Perspektive heraus auch mal unbequeme Dinge ansprechen kann. Nur so kommt man weiter. Auf dem Entwicklungsweg – und nichts anderes ist eine Karriere – werden wir uns immer wieder unbequemen Erkenntnissen stellen müssen. Genau das bringt uns aber voran. Dazu gehört es auch, Schwächen zeigen, Fehler zugeben zu können und dazu zu stehen, ohne sich selbst infrage zu stellen.

Denn wie sonst soll man daraus lernen?

Fabian Hänle

Wie definierst du den Begriff »Karriere«?
Das zu tun, was mich erfüllt und mich als Person wachsen lässt.

Welches sind deine drei bis fünf Schlüsselfaktoren für eine erfolgreiche Karriere?

- Bewusst Freude und Leidenschaft zu leben in dem, was ich jetzt tue.
- Eine klare Vision zu haben, wo ich langfristig hinwill.
- Die Bereitschaft, etwas Besonderes dafür zu tun und die Vision konsequent zu verfolgen.
- Arbeit und Weiterentwicklung von mir als Mensch.
- Zusammenarbeit mit hilfreichen Freunden und Mentoren.
- Natürlich erfordert es in der Regel auch ausgeprägte fachliche Fähigkeiten, diese kann man sich aber fast alle aneignen, und ich sehe sie eher als Basics, die viele haben.

Was sind für dich die drei bis fünf größten Karrierekiller?

- Eine Arbeit auszuführen, die man im tiefsten Innern eigentlich gar nicht möchte.
- Kurzfristiges Denken.
- Kein oder zu wenig kompetentes Feedback von außen sowie mangelnde Selbstreflexion.
- Inkonsequenz – viele streben Ziele an, die wenigsten gehen den Weg zu Ende.
- Seelische und emotionale Themen, wenn man sie nicht anschaut und löst.

Deine Arbeit mit Holger
Holger Fischer war und ist mir ein weiser Freund und Ratgeber, den ich sehr schätze und dem ich sehr danke.

Fabian Hänle *ist CEO von Blickle China.*

Grenzen

In allen Bereichen sozialer Interaktion ist das Thema Grenzen absolut wichtig und für viele sehr schwierig. Es ist auch für den Themenbereich Eltern entscheidend, genauso hier im Bereich der Partnerschaften und Freundschaften, aber auch bei Kollegen, Mitarbeitern und Vorgesetzten, zu denen wir noch kommen werden. Ich unterscheide drei Arten von Grenzen:

1. Grenzen, auf die ich bei mir selbst achten sollte, um mich nicht zu übernehmen oder in irgendetwas Ungutes hineinzuführen.
2. Grenzen von mir zu anderen.
3. Grenzen von anderen zu mir.

Die grundsätzliche Schwierigkeit ist, dass Grenzen sehr oft nicht nur nicht definiert werden, sondern genauso selten kommuniziert werden.

Häufig erleben wir es daher, dass uns jemand zu nahe kommt, dass wir etwas als übergriffig erleben oder dass sich andersherum jemand von uns bedrängt fühlt.

Die Fragen hierzu sind: Wo sind meine Grenzen? Wie nah sind mir die Einzelnen, und wie nah möchte ich sie an mich heranlassen? Wie nah komme ich wiederum anderen, und wollen sie das überhaupt so?

Es ist entscheidend, für sich selbst so etwas klar zu umreißen und es dann aber auch mit den anderen Beteiligten offen und ehrlich zu besprechen. »Ist es okay für dich, dass ich dir so nahekomme? Passt es für dich, dass ich dieses und jenes Thema anspreche?«

Und andersherum: »Es ist mir nicht recht, wenn du mir, wenn Sie mir so nahekommen. Ich bitte um mehr Abstand.« »Ich möchte über dieses und jenes mit Ihnen nicht sprechen.« Und so weiter.

Auch hier sind wir natürlich aus unserer Kindheit geprägt. Wenn unsere Eltern beispielsweise unsere Grenzen als Kind nicht respektiert haben, kann es zum einen sein, dass wir als Erwachsene andere viel näher an uns heranlassen, als wir das eigentlich wollen. Dass wir zulassen, dass andere ständig durch unseren Vorgarten trampeln – im übertragenen Sinne. Und dass wir aus Unkenntnis der Möglichkeit, Grenzen zu ziehen, auch anderen ständig zu nahe treten und nicht bemerken, dass ihnen das unangenehm ist.

Reflexion:
Fragen zum Thema Grenzen

- Gab es Grenzen in meinem Elternhaus?
- Haben meine Eltern in ihrer Beziehung Grenzen gesetzt?
- Hatte ich die Möglichkeit, Grenzen zu setzen?
- Wie war es in der Schule – konnte ich da meine Grenzen wahren, und habe ich die Grenzen der anderen Kinder respektiert?
- Was davon finde ich in meinem aktuellen Leben wieder?
- Wie positioniere ich mich?
- Und wie möchte ich mich fortan positionieren?

- Wo sind meine Grenzen – in meiner Partnerschaft, in Bezug auf Freunde und Bekannte, in meinem Beruf?
- Was will ich – und was will ich auf keinen Fall?
- Setze ich die entsprechenden Grenzen?
- Wenn nicht, wie könnte ich es ab jetzt tun?
- Werden mir Grenzen gesetzt?
- Wenn ja, bewahre ich sie?
- Oder setze ich mich darüber hinweg?
- Oder darf ich mir andersherum erlauben, ein bisschen mehr auf andere zuzugehen?
- Und wie gehe ich mit meinen eigenen Grenzen um?
- Gehe ich immer wieder darüber hinweg?

Grenzen zu setzen und sich zu positionieren, ist ebenfalls ein entscheidender Faktor für eine gelingende Karriere.

Du kennst sicher die typischen Patriarchen, ob in Familien oder in Firmen. Sie gehen über alle Grenzen der anderen hinweg, sie bestimmen alles, sie kritisieren alles, sie mischen sich selbstverständlich in alles ein, sie loben und bestrafen nach Gutdünken.

Sie sind ein Extrembeispiel, das uns gleichzeitig so vertraut ist, dass wir es nicht immer bemerken, wenn es uns begegnet. Umso wichtiger ist es, eine Sensibilität für Grenzen zu entwickeln und mit anderen in diesem Bereich zu kommunizieren.

Es fängt aber immer bei mir selbst an. Wenn ich meine Grenzen völlig selbstverständlich missachte, dann werde ich ziemlich sicher auch anderen erlauben, meine Grenzen zu überschreiten.

Und wenn ich Grenzen generell nicht achte, werde ich natürlich dauernd bei anderen im Vorgarten stehen. Beide Weisen sind für eine Karriere höchst schwierig. Wenn ich aufgrund von Grenzüberschreitungen als Daueropfer durchs Leben gehe und meine schwächlichen Grenzen dauernd niedergerissen werden, von mir selbst oder anderen, sieht es für meine Karriere schlecht aus.

Ebenso aber auch, wenn ich die Grenzen anderer nicht achte – niemand wird mich dann fördern und unterstützen, denn ich bringe einfach nicht die nötige Empathie mit.

Das knifflige Thema Elternschaft

Vor allem für Frauen gibt es bei dieser Speiche des Erfolgsrades natürlich einen extremen zusätzlichen Stressfaktor durch die Frage: Kinder, ja oder nein? Will ich überhaupt Kinder? Und wenn ja, wann? Soll die Karriere vorher starten, und die Kinder kommen etwas später? Oder lieber früh und danach ist Zeit für Karriere? Oder lässt sich beides vereinbaren? Kann und will der Partner das mittragen? Geht das in dem beruflichen Umfeld, in dem ich bin? Und so weiter. Das ist eine sehr schwierige Entscheidung für eine Frau, die auch Karriere machen will. Vor allem wenn sie in ihrem Freundeskreis oder in der Familie immer mehr junge Familien sieht, die auch sie unterschwellig oder direkt drängen.

Wenn Frauen dann lange gewartet haben und um die 40 herum endlich entschieden sind, klappt es oft nicht. Dann kommen die diversen einschlägigen Kliniken mit ihren Angeboten auf den Plan – und alles wird sehr stressig und kostspielig. Für eine Karriere ist dann bei beiden Partnern kaum noch Raum. Für eine entspannte genussvolle Partnerschaft auch nicht.

Der Großteil der Paare, die einen solchen Weg, oftmals über Jahre gehen, bleibt nicht dauerhaft zusammen. Vor allem dann nicht, wenn es mit dem Kind trotz allem nicht klappt.

Die Sexualität müsste neu entdeckt werden, da sie eine Zeit lang nur noch nach der Uhr und mit dem Ziel der Befruchtung funktionieren musste. Es ist ein unglaublicher Druck, den sich manche da aufbauen. Unmengen an Zeit, an Energie, oftmals auch an Geld gehen da hinein. Und nicht selten wird gar nicht hinterfragt, warum man das Ganze macht und was die eigentlichen Ziele im Leben sind. Viele beugen sich einfach dem Druck des Umfelds und der ungeschriebenen Gesetze in der Gesellschaft. An Karriere ist für beide oftmals jahrelang nicht zu denken.

Wenn dann ein Kind da ist, hört der Stress natürlich nicht auf. Der Fokus auf die Karriere bleibt schwierig. Vor allem dann, wenn sich beide Partner nicht klar abgesprochen haben, wie sie das Familienleben gestalten wollen, oder sich an die Absprachen nicht halten, sobald nachts jemand aufstehen muss, weil das Kind weint. Bei vielen ist abgesprochen, dass in der ersten Zeit die Frau zu Hause bleibt und der Mann weiter in seiner Firma arbeitet. Doch wie viele Frauen drücken dem Mann am Abend, sobald er zur Tür reinkommt, völlig entnervt das Kind in den Arm und sagen: »Jetzt bist du dran.« Der Mann hat aber den ganzen Tag ebenfalls seine Aufgaben und Herausforderungen gehabt. Wie soll das funktionieren? Und wie soll eine Beziehung das überstehen?

Sicher, wenn man noch keine Kinder hat, kann man sich kaum vorstellen, wie stark sich das Leben verändern wird, wenn sie dann da sind. Umso wichtiger ist es, immer wieder ehrlich darüber zu sprechen und gemeinsam zu entwickeln, wie man das Familienleben und das Berufsleben gestalten wird. Eine ehrliche und offene Kommunikation ist hier absolut nötig – und am besten, noch bevor ein Kind kommt. Wer möchte was? Wie lassen sich die Ziele innerhalb der Beziehung vereinbaren? Wenn Kinder kommen sollen, wer wird sich wann hauptsächlich um sie kümmern? Und was wird man weiterhin für die Paarbeziehung tun?

Das sind ganz wesentliche Fragen, die sich die meisten Partner aber einfach nicht stellen. Wenn es aus Angst vor Beziehungsstress oder Stigmatisierung nicht möglich ist, dass der Mann oder die Frau sagt: »Mir ist meine Karriere wichtig, und das wird auch so bleiben, wenn wir ein Kind haben« – auf welcher Basis wird dann diese Beziehung gelebt? Je früher man all diese Dinge bespricht und am besten die Abmachungen notiert, umso einfacher kann es später werden. Wer möchte was? Wem ist was wichtig? Welche Unterstützung von außen kann man dazu nehmen? Und so weiter.

Es ist in unserer Gesellschaft leider so: Kinder sind Karrierekiller und Ehekiller.

Jede und jeder hat die Wahl, für sich selbst festzulegen, was ihm wichtig ist und auf welche Weise er es anstrebt. In bestimmten Positionen ist zum Beispiel Teilzeit einfach nicht machbar. Halbtags kann man selten Führungskraft sein. Die Bedingungen sind, wie sie sind.

Wichtig ist, dass du dir klar wirst, was du willst. Und das muss keine berufliche Karriere sein. Vielleicht nimmst du einen wunderbaren Entwicklungsweg als Mutter oder als Vater, in einem kleinen Business oder in einer Teilzeitposition, die dir auch Raum für die Familie lässt. Es ist so vieles möglich – wir müssen nur mit uns selbst und unserem Umfeld klar kommunizieren.

Es ist gut, immer wieder einzuordnen, was wir in unserer schnelllebigen Zeit eigentlich machen. Wie ist es für ein Baby, wenn die Mama da ist, dann aber ist plötzlich wochenlang vor allem der Papa da – dieses Wesen ohne Brüste, die uns nähren könnten, der alles ganz anders macht als die Mama und auch völlig anders riecht. Und nach ein oder zwei Monaten ist seine Elternzeit vorbei, und dann ist wieder die Mama da ... So fortschrittlich und gleichberechtigt das sein mag, evolutionsbiologisch ist es ein Wahnsinn!

Manchmal machen beide Eltern gemeinsam für ein paar Monate Elternzeit und genießen es, ganz Familie zu sein. So etwas ist wunderbar! Aber ob Rollentausch eine gute Idee ist? Was das im Kind auslöst, können wir noch gar nicht richtig einschätzen.

Wenn einer Frau die Karriere wichtig ist, muss sie sich tatsächlich fragen, ob Kinder in ihren Lebensentwurf passen. Vielleicht sagt ihr Partner, dass auch ihm seine Karriere wichtig ist, und dann wird wahrscheinlich keiner von beiden ausreichend Zeit und Raum für Kinder aufbringen wollen. Vielleicht ist genug Geld für eine Nanny da, die Eltern und Schwiegereltern lassen sich einspannen und so weiter. Wesentlich ist, so etwas vorab zu besprechen und zu planen. Sonst ist Unzufriedenheit vorprogrammiert, und weder der Karriere noch der Beziehung und am allerwenigsten dem Kind ist gedient.

Das Thema Kinder ist extrem emotional belegt. In den meisten Frauen beginnt irgendwann die biologische Uhr zu ticken, und die wenigsten schaffen es, sich unabhängig von gesellschaftlichen oder familiären Erwartungen wirklich ernsthaft zu fragen: »Möchte ich ein Kind? Möchte ich es wirklich? Warum will ich es eigentlich? Sind das meine Gründe, oder habe ich sie nur übernommen?« Wenn du nach einer solchen Prüfung zu einem klaren »Ja, ich möchte ein Kind« kommst, dann wird es dir auch leichter fallen, entweder auf bestimmte Karriereschritte zu verzichten oder den Aufwand hinzubekommen, beides zu schaffen.

Auch für Männer ist diese Entscheidung wichtig. Natürlich können sie leichter abhauen. Aber für einen Karriereweg, wie auch immer der aussieht, ist es deutlich leichter, hier Klarheit zu haben und sich keine unnötigen emotionalen, finanziellen und zeitaufwändigen Baustellen zu schaffen, indem man Trennungen und familiäre Spagate bewältigen muss.

Es ist für Männer, deren Partnerinnen Kinder wollen, sehr wichtig, nicht einfach um des lieben Friedens willen mitzumachen, sondern ganz klar eine eigene Position zu finden und zu vertreten. Wenn einem Mann eine Firma gehört oder er in einer hohen Position ist, dann muss er klar äußern: »Mir ist mein Beruf wichtig. Ich werde versuchen, für unsere Familie ab und zu früher nach Hause zu kommen. Aber es ist mir nicht möglich, jeden Tag um fünf Feierabend zu machen. Und ich möchte das auch nicht, mir bedeutet meine Arbeit viel ...« Wenn die Partnerin das mit ihrem Kinderwunsch nicht akzeptieren kann, dann muss man entscheiden, ob man zusammenbleiben kann oder ob man sich gegenseitig für die eigenen Lebensziele im Weg steht.

Genauso umgekehrt: Manchmal wollen Männer unbedingt Kinder, der Partnerin ist aber die Karriere wichtig. Selbst wenn der Mann dann zusichert, voll und ganz für den Nachwuchs da sein zu wollen – wie realistisch ist das? Das muss man miteinander klären. Und sich auch trauen, dazu zu stehen, wenn man als Mann oder als Frau keine Kinder möchte. Für gar nicht so wenige Menschen ist das einfach gar kein Thema, sie müssen sich nur erlauben, dieses innere Empfinden zuzulassen und dann auch zu kommunizieren. Für andere wieder lässt genau das Kind das Rad des Lebenserfolges rund werden.

Wichtig ist, aus den unbewussten Automatismen herauszukommen und sich wirklich zu fragen, was man will.

Wenn die Entscheidung für ein Kind da ist, kann man sich fragen: »Was für ein Vater, was für eine Mutter möchte ich sein?« Hier spielt natürlich hinein, wie man die eigenen Eltern erlebt hat. Viele Männer sind hauptsächlich von ihrer Mutter großgezogen worden, während der Vater abwesend und mit dem Beruf beschäftigt war. Sie sind dann oft mit den eigenen Kindern überfordert, und wenn dann noch der Vorwurf aufkommt, sie seien schlechte Väter, ist es kein Wunder, wenn sie lieber bis spätabends im Büro bleiben, statt sich zu Hause Streit und Stress anzutun. So viele Männer sagen mir das: »Mein Vater hat nie mit mir gespielt. Und bei meinem eigenen Kind weiß ich nicht, wie das geht. Ich habe kein Bild davon.«

Im Sinne des Spruches »Kleine Kinder, kleine Sorgen, große Kinder, große Sorgen« hört es natürlich nicht auf, wenn die Kinder älter werden. Wenn wir als Eltern von Teenagern ständig damit befasst sind, sie nachts um drei irgendwo abzuholen, ist das zweifellos auch nicht besonders hilfreich für unsere Karriere. Wir können uns einfach nicht so klar darauf fokussieren. Das ist mit Kindern natürlicherweise so, man sollte sich aber eben darüber im Klaren sein, ob man das möchte. Je früher, umso besser.

Im Bereich Familie und eigene Kinder ist diese Speicher des Erfolgsrades wirklich extrem anfällig. Wir können erst einmal nur das leben, was wir vorgelebt bekommen haben. Und es ist extrem wichtig, sich in diesem Bereich möglichst frühzeitig zu hinterfragen und über all die Details mit Partner oder Partnerin zu kommunizieren.

Um das an dieser Stelle noch einmal deutlich auszudrücken: Ich habe überhaupt nichts gegen Kinder, Familien, Familienplanung und so weiter. Ich habe nur leider in all den Jahren zu häufig miterleben müssen, dass in Beziehungen über das Thema Familienplanung mitsamt all seinen Konsequenzen zu wenig offen und ehrlich kommuniziert wird.

Abhängigkeiten

Liebe und Freundschaft sollten immer etwas Freies sein. Oft aber sind sie an Bedingungen geknüpft, und da fangen die Probleme an. In unserer Partnerschaft wiederholen wir erst einmal wie automatisch die Muster unserer Eltern. Frauen lassen sich bevormunden, weil ihre Mutter das dem Vater gegenüber auch so gemacht hat. Männer lassen sich von Expartnerinnen über den Tisch ziehen, weil auch ihr Vater schon in einer emotionalen Abhängigkeit von der Mutter stand.

Viele haben die Vorstellung tief in sich eingebrannt, ohne den anderen oder die andere nicht leben zu können, obwohl sie in der Beziehung schon lange nicht mehr glücklich sind und ihre Ziele im bestehenden Setting nicht verfolgen können. Dazu kommt der ganze Bereich der Co-Abhängigkeiten, wenn Partner oder Partnerin Alkoholiker oder von einer anderen Substanz abhängig ist.

Wie schon bei den Eltern beschrieben, ist es auch in Partnerschaften und Freundschaften wichtig, unterschwellige Erwartungen für sich selbst und mit dem anderen zu klären.

Oft genug knüpfen wir an eine gute Beziehung irgendwelche Vorstellungen, sprechen nie darüber und halten die Beziehung für schlecht, weil diese Parameter nicht auf die erwünschte Weise erfüllt sind. Der Partner hat aber vielleicht ganz andere Vorstellungen von einer guten Beziehung. Und erst im Austausch darüber, was wir uns von einer Partnerschaft erhoffen, können wir gemeinsam die bestmögliche Beziehung kreieren. Auch hier braucht es Reflexion, Klarheit und Kommunikation. Es ist wichtig zu begreifen, dass wir nicht dafür da sind, die Erwartungen anderer zu erfüllen, ebenso wenig, wie irgendjemand dafür da ist, unsere Erwartungen zu erfüllen. Um dort Klarheit hineinzubekommen, müssen wir uns über unsere eigenen Erwartungen im Klaren werden

An dieser Speiche, zu der sich noch sehr viel mehr schreiben ließe, lässt sich besonders deutlich sehen, dass eine Karriere etwas sehr Anspruchsvolles ist, das viel Reflektiertheit und immer wieder neue Klärungsbereitschaft erfordert.

Einfach mal mit einer Geschäftsidee erfolgreich zu sein, reicht eben nicht. Es braucht unentwegt Sorgfalt für die Balance im Leben. Alle zwölf Speichen müssen immer wieder betrachtet und es muss immer wieder nachjustiert werden. Genau dafür dienen die reflektierenden Fragen in jedem Kapitel hier.

Im Zusammenhang damit wiederhole ich auch gern noch mal meine Anregung, sie in einem extra Karrierebuch für dich zu beantworten, in dem du deinen Prozess mit diesem Buch und den zwölf Speichen festhalten und immer wieder nachlesen kannst. So vieles hat mittelbar und unmittelbar Einfluss auf dich und deinen Karriereweg. Darüber Buch zu führen kann sehr hilfreich bis entscheidend sein.

Anregung: Wenn die Speiche *Partnerschaft, Freunde, Elternschaft* wackelt oder angeknackst ist

Wenn diese Speiche deines Erfolgsrades ächzt, wirst du es kaum übersehen können. Oftmals bist du dann nämlich so mit deinem Privatleben beschäftigt, dass dir kaum noch Zeit und Energie für deinen Beruf bleibt. Das ist eine Einladung, zu klären, was im Argen liegt. Die reflektierenden Fragen in diesem Kapitel helfen dir dabei, dem auf die Spur zu kommen, was in deinen Beziehungen oder im Zusammenspiel zwischen Beziehungen und Beruf nicht stimmt. Nutze diese Fragen und beantworte sie am besten in deinem Karrierebuch.

Es hilft nichts, sich umso mehr in den Beruf zu flüchten, wenn die Partnerschaft unangenehm geworden ist. Genau das nämlich macht diese Speiche noch brüchiger. Die Gefahr, dass deine Beziehung zum Karrierekiller wird, liegt dann sehr nahe. Nimm dir also die Zeit, deine privaten Belange zu klären. Erst dann kann die eigentliche Karriere wieder Fahrt aufnehmen.

Ádám Szalai

Wie definierst du den Begriff »Karriere«?
Für mich heißt Karriere eine Entwicklung als Mensch. Natürlich ist wichtig dabei, den richtigen Job zu haben und das zu tun, was uns glücklich macht. Aber ich sehe Karriere eher als eine Entwicklung. Von dem Punkt, wo ich gestartet bin als ein Junge, der zur Schule ging, bis zum erwachsenen Mann und zum Vorbild für die eigenen Kinder oder für andere Menschen. Dieser Weg mit all den Schwierigkeiten und der Entwicklung der Persönlichkeit, das ist für mich Karriere.

Welches sind deine drei bis fünf Schlüsselfaktoren für eine erfolgreiche Karriere?
Ganz oben stehen Respekt und Ehrlichkeit. Respekt und Ehrlichkeit für meinen Job, meine Mitmenschen, aber auch Respekt und Ehrlichkeit gegenüber mir selbst. Mit diesem zwei Dingen strahlt man einfach was »Echtes« aus. Das wird auch erkannt. Und umgekehrt werde ich sofort erkennen, wenn jemand mir gegenüber Respekt und Ehrlichkeit ausstrahlt. Ich sehe direkt, wenn etwas nicht stimmt.

Wenn ich anderen gegenüber ehrlich bin, dann bin ich es auch mir selbst gegenüber. Das heißt auch selbstkritisch, so kann ich meine eigene Arbeit am besten bewerten und ehrlich zu mir sein! Ich glaube, wenn diese zwei Sachen stimmen, kommen automatisch die Worte »Mannschaftsspieler« und »Hartnäckigkeit/Zielstrebigkeit« dazu.

Was sind für dich die drei bis fünf größten Karrierekiller?
Ich glaube, das Gegenteil: Egoismus und Unehrlichkeit. Wenn wir nur uns in den Fokus stellen und dabei anderen zu wenig Respekt zollen, führt das immer dazu, dass wir anderen die Schuld geben und nicht ehrlich bei uns selbst schauen. Dann bleiben wir nicht bei uns und suchen eher Ausreden.

Deine Arbeit mit Holger
Darüber könnte ich stundenlang schreiben, aber es ist sein Buch. ☺ Was am besten passt und wofür ich sehr dankbar bin: Durch Holger habe ich viele Antworten auf meine Fragen bekommen, und er hat mich dazu gebracht, Karriere als eine Entwicklung zu sehen, auch als eine Entwicklung meiner Persönlichkeit. Dazu gehört das Lernen, wie ich mit Schwierigkeiten und genauso Erfolgen am besten umgehen kann.

> **Ádám Szalai** *ist Kapitän der ungarischen Fußball-Nationalmannschaft und hat über 300 Bundesligaspiele bestritten. Er ist Inhaber mehrerer Unternehmen.*

Vierte Speiche des Erfolgsrades: Vorgesetzte und Trainer

»Wess' Brot ich ess, dess' Lied ich sing.«

Sprichwort

Ganz entscheidend auf dem Karriereweg ist naturgemäß der Umgang mit den Menschen, die hierarchisch jeweils über uns stehen. Die uns und unsere Leistungen bewerten, die uns Aufgaben zuweisen, über unser Einkommen bestimmen und uns fördern oder auch nicht.

Bei Profisportlern sind es die Trainer, Sportdirektoren und die Vorstände ihrer jeweiligen Clubs. Bei Arbeitnehmern sind es die Vorgesetzten und Unternehmer. Auch bei einigen Selbstständigen gibt es in gewisser Weise Vorgesetzte, beispielsweise während bestimmter Projekte, für die sie sich anheuern lassen. Und natürlich haben Selbstständige dauernd Kontakt mit ihren Auftraggebern.

Die Probleme beginnen meistens damit, dass die gegenseitigen Erwartungen nicht offen ausgesprochen wurden. Weder äußern die Vorgesetzten klar, was sie wirklich wollen – wie viel Einsatz, zu welchen Zeiten, bei welcher Erreichbarkeit und so weiter. Vor allem aber machen die Mitarbeiter oftmals nicht klar, was sie sich in der jeweiligen Firma und speziell von den jeweiligen Vorgesetzten erwarten. Es wird nicht oder nicht klar und ehrlich genug angesprochen, und oftmals sind sich diejenigen selbst nicht darüber im Klaren, was und wie sie sich die Zusammenarbeit vorstellen und wünschen. Dann aber sind Missverständnisse vorprogrammiert.

Grenzen setzen

Zu diesen meist nicht kommunizierten Erwartungen gehören – wie in allen Beziehungen – immer auch die eigenen Grenzen. Gerade im Umgang mit Vorgesetzten ist es entscheidend, sinnvoll Grenzen zu setzen. Meist denken wir an so etwas gar nicht, eben weil wir Karriere machen wollen. In Wirklichkeit aber geht das nicht ohne Grenzen. Jeder und jede muss sich klar machen, wo die eigenen Grenzen sind. Wie weit er oder sie in bestimmten Bereichen gehen will und was nicht geht. Das muss einem selbst klar werden, und dann muss es Vorgesetzten gegenüber kommuniziert werden.

Oft scheint es so, als würden wir nur vorankommen, wenn wir alles mit uns machen lassen. Das funktioniert aber allenfalls sehr kurzfristig. Wer nicht weiß, was er will und was er nicht will, kann auch nicht dahin kommen, wohin er will. Er wird überhaupt nicht weit kommen.

Es braucht eine klare Positionierung.

Natürlich besteht eine gewisse Abhängigkeit zwischen Vorgesetzten und Mitarbeitern. Diejenigen, die im Unternehmen über dir stehen, bewerten dich, fördern dich oder eben nicht, entscheiden über dein Gehalt und deine Aufgabenfelder. Sie haben eine gewisse Macht über dich, und das ist auch kein Problem, es gehört in diesem Setting dazu. Es heißt aber nicht, dass du deine Macht über dich selbst und über das, wozu du bereit bist und wozu nicht, abgeben musst. Es ist entscheidend, hier nicht zum Opfer zu werden, sich nicht zum Opfer machen zu lassen. Genau das nämlich wäre ein Karrierekiller.

Wo du nicht gut behandelt wirst, solltest du dich verabschieden. Oder ist dir jemand vorstellbar, der eine erfolgreiche Karriere hinlegt und sich auf diesem Weg alles gefallen lässt?

Entweder ich positioniere mich – oder ich werde positioniert.

Reflexion:
Fragen zum Thema Vorgesetzte

- Welche Erwartungshaltung habe ich an mich?
- Welche Erwartungshaltung habe ich an meinen Chef, meine Chefin?
- Habe ich diese Erwartungen kommuniziert?
- Weiß ich, was meine Vorgesetzten von mir erwarten?
- Wenn nicht, wann werde ich es erfragen?
- Bin ich bereit, die Erwartungen meines Unternehmens und meiner Vorgesetzten zu erfüllen?
- Werde ich gefördert – oder behindert und gebremst?
- Fühle ich mich in der Beziehung zu meinen Vorgesetzten als Opfer?
- Kenne ich dieses Gefühl bereits, Opfer zu sein?
- Bin ich Mitarbeiter(in) oder Abarbeiter(in)?
- Was kann ich unternehmen, um zum proaktiven Mitarbeiter zu werden?

Wenn dir an dieser Stelle klar wird, dass deine Chefs möglicherweise gar nicht wissen, was du von ihnen erwartest und wo deine Grenzen sind, könnte das nächste Mitarbeitergespräch die Gelegenheit sein, diese Dinge anzusprechen.

Oft gibt es in Firmen Jahresgespräche mit den Mitarbeitern. Ihnen wird wochenlang entgegengefiebert, der Druck ist groß. Ich persönlich würde anregen, stattdessen vierteljährliche Entwicklungsgespräche zu führen. Dann können in diesen kürzeren Abständen Erwartungen aneinander ausgetauscht werden, und du kannst überprüfen, inwieweit deine Vorstellungen auch umgesetzt werden und inwieweit du auf der anderen Seite dem gerecht wirst, was Vorgesetzte beziehungsweise Trainer von dir wollen.

Werden Diskrepanzen sichtbar, lässt sich viel schneller und einfacher gegensteuern. Es könnte auch darüber gesprochen werden, was du brauchst, um den an dich gestellten Anforderungen nachkommen zu können. Auf diese Weise kannst du proaktiv mitgestalten, statt wie die meisten Mitarbeiter nur abzuwarten, zu hoffen, zu bangen und zu reagieren.

Die typischen Jahresgespräche in Firmen empfinde ich oftmals als recht absurd. Manchmal sieht ein Vorgesetzter einige Mitarbeiterinnen oder Mitarbeiter das ganze Jahr über nicht. Allenfalls kommt ihm mal etwas zu Ohren, was nicht geklappt hat. Und dann soll er diese Menschen, die er kaum kennt, bewerten und Entscheidungen für ihre nähere berufliche Zukunft mitverantworten. Wie soll das funktionieren? Wie soll das objektiv und wertfrei gehen?

Gibt es hingegen alle drei Monate ein Entwicklungsgespräch, sind beide Seiten immer up to date. Beide wissen, wo sie stehen, und auch der Vorgesetzte kann sich häufiger Feedback geben lassen, was für seine Entwicklung genauso wichtig ist.

Sollte dein Vorgesetzter, deine Vorgesetzte diese Entwicklungsgespräche ablehnen, weil es zu viel Zeit kostet, dann weißt du auch, was du von eurer Beziehung halten kannst. Keine Zeit heißt: keine Lust.

Für das, was uns wichtig ist, haben wir immer Zeit. Es ist immer eine Frage der Priorisierung. Mit den dreimonatlichen Entwicklungsgesprächen zeigst du, dass du Mitarbeiterin oder Mitarbeiter sein willst. Wenn dein Chef eher auf Abarbeiter steht, dann ist die Frage, inwieweit ihr noch zusammenpasst.

Etwas provokant sage ich: 80 Prozent aller Arbeitnehmer sind freiwillige oder gemachte Opfer. Du auch?

Es liegt in deiner Hand, ob du dich zum Opfer machen lässt oder die Geschicke deiner Karriere selbst in der Hand behältst. Die Beziehung zu den Vorgesetzten proaktiv mitzugestalten gehört ganz wesentlich dazu. Außerdem sollte man sich bewusst machen, was man kann und was man will. Gute Leute finden letztlich immer ihren Weg und immer eine adäquate Arbeitsstelle. Sie müssen sich nicht von Strukturen abhängig machen, in denen sie keine Wertschätzung erfahren.

Es braucht den Mut, sich klar zu positionieren, Offenheit für Neues und Vertrauen in sich selbst, in die eigenen Fähigkeiten und in die positive Zukunft. Das sind die Voraussetzungen, um dauerhaft der Opferrolle zu entkommen. Außerdem das Vertrauen: Wenn man bereit ist, klare Entscheidungen für sich und die eigene Entwicklung zu treffen, wird immer etwas Besseres folgen. Mit diesen Qualitäten kannst du erfolgreich deine Karriere gestalten und genießen.

Florian Mayer

Wie definierst du den Begriff »Karriere«?
»Karriere« definiere ich als Gesamtprojekt über mehrere Jahre mit ständigen Veränderungen und Verbesserungen der einzelnen Bausteine.

Welches sind deine drei bis fünf Schlüsselfaktoren für eine erfolgreiche Karriere?

Es sollte von Herzen kommen, sodass derjenige es von selber zu 100 Prozent will und alles dafür gibt, und nicht, dass er oder sie es nur tut, um es anderen recht zu machen, beispielsweise den Eltern.

Ganz wichtig finde ich den mentalen/psychischen Bereich. Zum Beispiel im Tennis gibt es so viele gute athletische Spieler, die den Ball so gut und hart schlagen. Aber wenn es im Wettkampf drauf ankommt, spielen die meisten ein bis zwei Klassen schlechter.

Außerdem ist eine gute Balance zwischen Belastung und Erholung extrem von Vorteil, da ist jeder aber auch anders. Manche Athleten brauchen mehr Turniere/Wettkämpfe über das Jahr verteilt, und andere wiederum können nur performen, wenn sie viel trainiert haben.

Von Vorteil ist außerdem eine stabile Familie, Freunde, Partnerin oder Partner. Und den Glauben und den Willen, seine Ziele zu erreichen, finde ich persönlich wichtig.

Was sind für dich die drei bis fünf größten Karrierekiller?

- Ständige Verletzungen und dadurch abnehmendes Vertrauen in den eigenen Körper.
- Wenn zu viele Leute von außerhalb versuchen mitzureden, kann es die Leistung negativ beeinflussen.
- Bei mir persönlich am Anfang der Karriere: Ich konnte mir nicht zutrauen, gegen die Topspieler zu gewinnen.
- Sich auf dem Erfolg auszuruhen, ist auch ein Karrierekiller, so schnell schaut man gar nicht, wie man auf diesem hohen Level durchgereicht wird.

Deine Arbeit mit Holger

Ich kann mich noch genau daran erinnern, als er mir die Aufgabe gegeben hat, aufzuschreiben, warum ich ein Top-20-Spieler bin. Ich habe anfangs nur Gründe gefunden, warum ich kein Top-20-Spieler bin. ☺ Doch mit der Zeit ist mir immer mehr eingefallen, und ich habe mir letztendlich zugetraut, im Match gegen jeden zu gewinnen, bis auf Federer und Djokovic.

Florian Mayer *ist ehemaliger Tennisprofi und war zeitweise Nr. 18 der Herren-Weltrangliste.*

Mitarbeiter oder Abarbeiter?

Das Verhältnis zum Vorgesetzten zeigt dir genau an, wo du stehst. Wenn du wie ein Stück Dreck behandelt wirst, kannst du dich fragen, warum du in einer Firma gelandet bist, wo so etwas passiert. Was in dir lässt so etwas zu? Warum bleibst du dort? Wie behandelst du dich selbst?

Bist du Mitarbeiter, Mitarbeiterin oder Abarbeiter, Abarbeiterin?

Das ist deine Entscheidung. Viele Menschen wollen einfach gesagt bekommen, was sie zu tun haben, und dann tun sie es und fertig. Es sind Abarbeiter, und wer damit zufrieden ist, kann das auch so handhaben. Für sehr viele Vorgesetzte ist es bequem, Abarbeiter unter sich zu haben.

Mitarbeiter sind von einem anderen Schlag. Sie arbeiten mit, zeigen sich proaktiv, sie denken mit, sie fühlen mit, nutzen ihre Intuition (dazu kommen wir noch bei der siebten Speiche des Erfolgsrades), bringen all ihr Wissen, ihre Erfahrungen und ihre Ideen mit ein. Und das nicht nur thematisch. Denn sie arbeiten auch aktiv an ihrer Beziehung zu den Vorgesetzten. Und natürlich an ihrer eigenen Weiterentwicklung.

Führung ist keine Einbahnstraße.

Als Mitarbeiter bist du alles andere als ein Opfer. Du gestaltest mit und das heißt auch, dass du versuchst, deine Vorgesetzten zu verstehen. Dich in sie hineinzuversetzen. Ihre Beweggründe zu erfahren und gegebenenfalls zu verstehen. Indem du dich mit Verstand und Gefühl in die Beziehung hineinbegibst, kannst du aktiv daran mitwirken, dass ihr einen Konsens und ein produktives Miteinander findet. Zu deinem Wohl. Zum Wohle deines Vorgesetzten. Und zum Wohle der Firma.

Zwischen Mitarbeitern und Chefs besteht immer eine gewisse Abhängigkeit oder Co-Abhängigkeit: Einer entscheidet oder gibt vor, der andere muss es erfolgreich umsetzen.

Aber es ist eine Beziehung, die beide Seiten gestalten können.

Wer das tut, ist (oder will) Mitarbeiter.

Wer nicht, ist (oder will) Abarbeiter.

Klare Kante

Mach dir selbst und deinem Umfeld klar, worum es dir geht. Bereits im Vorstellungsgespräch ist es sinnvoll, darauf hinzuweisen, was man möchte, wohin man möchte, dass man Karriere machen will und so weiter. Wenn du mehrere Jobangebote hast, kannst du deinen Favoriten danach bestimmen, in welcher Firma und von welchen Chefs du dich mehr gefördert, gefordert und wertgeschätzt fühlst. In jungen Jahren ist das wichtiger als Kohle oder die Anzahl der Urlaubstage. Wähle das Umfeld, in dem du die meiste Wertschätzung bekommst.

Die meisten tun gut daran, das Thema berufliche Anstellung zu entemotionalisieren. Schließlich geht es um ein Arbeitsverhältnis und darum, dass alle die Aufgaben erfüllen, für die die Firma sie bezahlt. Nicht mehr und nicht weniger.

Wenn am Verhältnis zum Vorgesetzten etwas nicht stimmt, kann man das ansprechen, seine Grenzen aufzeigen und Forderungen stellen. Wird dem nicht nachgegangen, kann man kündigen – in dem Wissen, dass dieser Mut immer belohnt wird und etwas Besseres folgt.

Es ist so. Wenn du deinen Weg gehst und dabei eine Trennung ansteht, dann kommt immer etwas Besseres hinterher. Das gilt auch umgekehrt, wenn du als Unternehmer oder Vorgesetzte jemandem nahelegen musst, die Firma zu verlassen, weil es einfach nicht funktioniert.

Vielleicht ist ein Chef sehr emotional, dann kann ich dennoch meine Grenzen sachlich aufzeigen. Und wenn das nichts hilft, kann ich es entemotionalisieren. Dann stelle ich mir vor, ich sitze auf meinem Karrierebahnhof und es fährt der Zug »Emotionaler Chef« oder »Emotionale Chefin« ein. Ich entscheide, nicht einzusteigen. Ich warte auf den »Leck mich am Arsch«-Zug. Ich mach mein Ding, ich mach meine Arbeit, ich spreche das Nötige an. Und wenn der Chef emotional ist, weiß ich, dass bei seinen Ausbrüchen nicht ich persönlich gemeint bin. Es sind seine Emotionen, mit denen dieser Mensch offenbar nicht anders umgehen kann. Auf diese Weise kann ich meine Emotionen heraushalten, Stressresistenz trainieren – und meistens verhält sich dann auch dieser emotionale Mensch mir gegenüber anders. Einfach weil ich nicht darauf einsteige und es nicht persönlich nehme. Der andere merkt, dass er kein Opfer vor sich hat, und schreit dann auch nicht mehr herum.

Wenn es mir zu viel wird, kann ich natürlich auch gehen. Gleichzeitig ist es sinnvoll, mit herausfordernden Menschen umgehen zu lernen. Denn sie werden mir auf dem Karriereweg immer wieder begegnen. Also brauche ich Werkzeug, mit dieser Art Stress umzugehen. Wenn ich immer gleich kündige, weil mir der oder die Vorgesetzte nicht passt, wird es mit der Karriere schwierig.

Wo deine Grenze erreicht ist, ab wann du einfach gehen musst, kannst nur du selbst entscheiden. Immer aber ist es sinnvoll, proaktiv an schwierige Beziehungen zu Vorgesetzten heranzugehen.

Damit machst du dir ein Lerngeschenk: Du wirst sogar noch dafür bezahlt, dass du etwas Wesentliches für dein Leben lernen kannst.

Wenn du den Job wechselst, ohne etwas an deiner inneren Haltung verändert zu haben, wird es mit ziemlicher Sicherheit im nächsten Umfeld genauso werden. Solange du noch etwas zu lernen hast, wirst du dich dem stellen müssen.

Fliehen ist nie eine gute Idee. Du kannst deine Hausaufgaben machen und ganz bewusst gehen. Aber deinen Themen kannst du nicht entfliehen.

Die emotionaleren Typen und insbesondere die Choleriker wirst du nicht ruhig bekommen. Aber du kannst lernen, gut mit ihnen umzugehen und ihnen keine Resonanz zu bieten. Oft werden sie dadurch gelassener im Umgang mit dir, und es kann sich eine gute Ebene der Zusammenarbeit entwickeln. Du siehst einfach den »Donnerwetter«-Zug anrollen und weißt: Du wirst nicht einsteigen. Er hält kurz an, es rumpelt ein wenig, aber nach ein paar Minuten fährt er von allein weiter. Die kurze Unruhe kannst du aushalten und wissen, dass der nächste Zug mit einer besseren Qualität schon im Anrollen ist.

Stell dir in schwierigen Situationen wirklich diesen Karrierebahnhof vor. Und bleib einfach draußen sitzen, wenn dir der aktuelle Zug nicht passt. Vielleicht steigen deine Kollegen in den »Opfer«-Zug ein und rufen dir zu, dass du auch reinkommen sollst. Aber du bleibst draußen. Du machst die Erfahrung, was sich dadurch verändert. Du machst sie immer wieder, und nach einigen Monaten hat sich dein Verhalten verändert und dadurch meistens auch das Verhalten der anderen Seite.

Du hast die Wahl. Genau auf solchen Ebenen beweist du, ob du für eine größere Karriere gemacht bist.

Auf der Chefseite

Alles, was ich hier beschreibe, gilt andersherum auch für diejenigen, die in der führenden Position sind. Auf dem Karriereweg sind wir ja die meiste Zeit beides gleichzeitig: Führende und Geführte.

Um als Chefin oder Chef gute Ergebnisse zu erzielen und ein angenehmes Arbeitsleben zu haben, ist es unabdingbar, wertschätzend und fair mit den Mitarbeitern umzugehen. Was das im Einzelnen heißt und worauf hier zu achten ist, darüber könnte ich ein ganzes Buch schreiben und möchte das in der nächsten Zeit auch tun.

Die wesentliche Frage hier ist: Will ich Mitarbeiter oder Abarbeiter? Möchte ich mit Menschen arbeiten, die mitdenken und in der Firma ein Eigenleben entwickeln? Das ist vielleicht manchmal etwas fordernder, aber natürlich zeigen solche Menschen mehr Initiative und Kreativität, die den Firmenzielen und damit auch meinen eigenen Zielen sehr entgegenkommen können. Oder will ich Abarbeiter, die einfach tun, was ihnen gesagt wird. Das mag bequem sein, aber ist es in meinem Bereich effizient, ist es angenehm?

Im Business wirst du immer führen müssen, wenn du Karriere machen willst. Es geht kaum anders. Daher ist es eine entscheidende Frage, die du dir relativ früh stellen solltest: Will ich das? Will ich Führungsaufgaben übernehmen? Einzelunternehmer könnten eine Ausnahme sein – führen aber müssen sie letztlich auch, und zwar sich selbst. Dort fängt es immer an.

Und es geht überall dort weiter, wo du mit Menschen zu tun bekommst. Das können Mitarbeiter, aber ebenso Auftragnehmer, Klienten oder Kunden sein. Mit einem bestimmten Bildungsabschluss kommt man fast zwangsläufig in die Situation, dass man andere führen muss. Genau das aber hat man nicht gelernt. Und es ist entscheidend.

Im Rahmen dieses Buches kann ich dir ein paar einfache Grundregeln für Vorgesetzte geben, die aus meiner Sicht die Basis sind. Dabei handelt es sich nicht um alle möglichen und denkbaren, sondern nur um ein paar für mich wesentliche Faktoren, einfach mal aufgelistet:

- Ich behandle andere so, wie ich behandelt werden möchte.
- Auch als Vorgesetzter kann ich »Bitte« und »Danke« sagen.
- Eine klare Kommunikation ist wichtig, um sicherzustellen, dass die andere Person versteht, was ich will. Dazu gehört auch, dass ich bei Aufträgen ein Datum nenne, bis wann ich das Ergebnis haben möchte beziehungsweise wann die Aufgabe erledigt sein soll.
- Ich bin imstande, (wenn nötig auch schnell) Entscheidungen zu treffen, und stehe für deren Konsequenzen gerade.
- Ich pflege eine Fehlerkultur, denn Entwicklung findet immer über Fehler statt. Werden Fehler streng sanktioniert und sollten am besten niemals passieren, dann erzeugt das ein Klima der Angst und des Drucks – unproduktiv und unangenehm. Außerdem werden in einem solchen Klima

nur Abarbeiter lange bleiben. Proaktive Mitarbeiter suchen sich einen besseren Job.

- Zur Fehlerkultur gehört auch, dass ich mich vor meine Abteilung stelle, wenn dort ein Fehler passiert ist. Jeder Fehler in meiner Abteilung ist in der Auseinandersetzung mit meinen Vorgesetzten mein Fehler.
- Wenn Kritik nötig ist, kritisiere ich vor der Gruppe allenfalls den Stärksten, Schwächere im Einzelgespräch.
- Ich stehe vor meinem Team zu Fehlern, die ich gemacht habe.
- Ich bin für mein Team in meinem Handeln und Sprechen in einer verlässlichen Weise berechenbar.
- Ich verlange nichts von den anderen, was ich nicht selbst bereit bin zu tun oder schon mal getan habe.
- Mir ist bewusst, dass wir alle Menschen sind und Zuspruch, Wertschätzung und Anerkennung brauchen. Genauso gehe ich mit meinen Leuten um.
- Ich versuche, mein Team zu verstehen. Wer ist dort der Herdenführer? Wer tickt wie?
- Herumschreien bringt höchstens etwas, wenn ich es nur einmal im Jahr mache. Wenn ich meine Macht ausspiele, verliere ich sie. Ein guter Vorgesetzter muss seine Macht nicht zeigen.
- Ich bin der, der ich wirklich bin, und tu nicht so, als wäre ich der, der ich gern sein möchte.
- Ich lass die anderen so sein, wie sie sind. Ich bin Chef und nicht Coach, Trainer oder Therapeut.
- Ich rede nicht schlecht über andere, wenn sie nicht dabei sind.
- Ich behandle alle gleich, auch wenn ich den einen oder die andere »gleicher« behandeln muss, weil sie für das Team

eine besondere Funktion haben. Ich bin bereit, das im Zweifelsfall auch offen zu kommunizieren.

- Ich bin offen und ehrlich zu mir und meinem Team.

Anregung:
Wenn die Speiche *Vorgesetzte und Trainer* wackelt oder angeknackst ist

Sobald es auf dieser Ebene knirscht, ist die wesentliche Frage: Gestaltest du die Beziehung zu deinen Vorgesetzten aktiv mit oder reagierst du nur? Bist du Mitarbeiter oder Abarbeiter? Machst du dich zum Opfer, indem du einfach alles tust, was von dir verlangt wird? Machst du dich vielleicht sogar zum Vollopfer, indem du dich schlecht behandeln lässt? Oder bist du Mitarbeiterin, Mitarbeiter, gestaltest aktiv mit und entemotionalisierst die beruflichen Beziehungen?

Das Bild des Karrierebahnhofs kann dir helfen, dich nicht auf emotionale Spielchen mit Vorgesetzten einzulassen und das Miteinander proaktiv zu gestalten. Es kann in akuten Situationen dein Werkzeug sein, um nicht in unnötige Konflikte einzusteigen.

Marcel Reiser

Wie definierst du den Begriff »Karriere«?
Karriere bedeutet, einen für mich erfolgreichen Weg zu gehen und meinen Zielen immer einen Schritt näher zu kommen. Sei es früher sportlich oder heute im Business.

Welches sind deine drei bis fünf Schlüsselfaktoren für eine erfolgreiche Karriere?

- Einen Plan zu haben und diesen grundsätzlich auch zu verfolgen.
- Fehler oder Hindernisse zu akzeptieren und aus ihnen zu lernen beziehungsweise sie als Chance zu begreifen.
- Sich weiterentwickeln zu wollen und nicht stehen zu bleiben.
- Wenige, aber gute Ratgeber an der Seite zu haben.
- An sich selbst und seine Fähigkeiten zu glauben und daraus Stärke zu schöpfen.

Was sind für dich die drei bis fünf größten Karrierekiller?

- Es anderen recht machen zu wollen.
- Sich zu viel auf äußere Einflüsse zu fokussieren.
- Ich war zu oft nicht bei mir selbst und habe mir nicht vertraut.
- Kein klares Ziel zu haben.
- Zu viel zu trainieren.

Deine Arbeit mit Holger

Mit Holger fühle ich mich besser, und alles entwickelt sich positiv. Was oder wie er etwas macht, kann ich nicht immer sagen, aber es funktioniert. Holger ist gleichzeitig einer meiner wichtigsten Vertrauten geworden. Gemeinsam mit ihm habe ich es sportlich vom Nobody zu den Weltmeisterschaften geschafft und bin heute erfolgreich als Unternehmer. Noch viel wichtiger ist aber, dass ich durch seinen Input persönlich gereift bin.

Marcel Reiser *war Profi-Mountainbike-Fahrer, ist Co-Founder der Alpen Bike Academy sowie geschäftsführender Gesellschafter und Chefredakteur der Alpen-Verlagsgruppe.*

Fünfte Speiche des Erfolgsrades: Kollegen und Mitspieler

»Ein Kollege ist einer, der ohne jede Eignung unerklärlicherweise das Gleiche macht wie man selbst.«

Unbekannter Verfasser

Es verwundert wahrscheinlich niemanden: Kollegen und Mitspieler können zum Karrierekiller werden. Es sind Menschen, die wir uns meist nicht ausgesucht haben und die im empfindsamen Bereich unseres Arbeitens alltäglich eine wesentliche Rolle spielen.

Forschungen haben gezeigt, dass inhomogene Gruppen erfolgreicher sind als homogene Gruppen. Dabei mögen sich die Menschen in bunt gemischten Abteilungen oftmals nicht so sehr, einfach weil sie so verschiedenartig sind. Wenn sie sich aber auf ein gemeinsames Ziel fokussieren und von ihren Vorgesetzten gut und vor allem zielorientiert geführt werden, können sie viel mehr erreichen als diejenigen, die sich in ihrer Abteilung alle dufte finden.

Wir alle wollen eine Wohlfühloase, wir wollen uns nicht streiten. Kreativer aber sind wir mit einer gewissen Reibung. Die jedoch will auf die passende Weise gelebt werden.

Die Mitstreiter auf deiner Ebene – ob im Sport oder in einem Unternehmen – können dich unterstützen, dich fördern oder dir das Leben schwer machen. Hier ist eine enorme Bandbreite möglich. Die wichtigste Grundregel dabei lautet:

Wenn ich ein Thema mit jemandem habe, dann ist das nicht sein Thema, sondern meins.

Schnell sind wir dabei, andere zu beurteilen und zu verurteilen. »Der ist ein Arsch.« »Die schleimt sich immer ein.« Und wie weit kommen wir damit? Wir können die anderen nicht ändern und müssen das auch nicht versuchen. Aber wir können unsere Einstellung, unsere Sicht auf sie verändern. Denn ihr Verhalten löst einfach etwas in uns aus. Und das ist dann unsere Baustelle. In anderen Menschen würde das gleiche Verhalten ziemlich sicher etwas anderes oder gar nichts auslösen.

Kümmern wir uns also um das, was in uns selbst passiert. Dort können wir ansetzen und konstruktiv vorgehen.

Was passiert, wenn du dich über Kollegen aufregst und ihnen die Schuld daran gibst, dass es dir auf irgendeine Weise nicht gut geht? Du gibst deine Macht ab und machst dich zum Opfer dieser Kollegen. »Wenn der nicht …, dann würde ich …!« »Wenn die endlich …, dann könnte ich …!« Damit gibst du dein Geschick in die Hände anderer.

Warum haben Menschen Probleme miteinander?

Der erste Schritt, besser mit Kollegen umzugehen, die dich auf irgendeine Weise nerven, ist, einen Schritt zurückzutreten und festzustellen: »Okay, der oder die ist nicht unbedingt doof. Er oder sie löst etwas in mir aus.« Damit bist du schon auf einer ganz anderen Ebene. Jetzt kannst du die 4 + 1 Punkte durchschauen, warum Menschen Probleme miteinander haben:

1. Die Chemie stimmt nicht. Das kommt am seltensten vor. Wenn du jemanden wirklich einfach nicht riechen kannst, dann kannst du auch nicht viel machen. Du kannst es nur akzeptieren. Es ist weder die Schuld des anderen noch deine. Aber wie gesagt: Das ist nicht häufig der Fall.

2. Das Unangenehme zwischen zwei Menschen ist traumatisch belegt. Die andere Person erinnert dich an etwas Schmerzhaftes, das du irgendwann in deinem Leben durchgemacht hast.
   Ich zum Beispiel habe keine Haare, und in jüngeren Jahren habe ich damit oft in Menschen, die mich überhaupt nicht kannten, Abwehr oder Angst ausgelöst, weil sie vielleicht schlechte Erfahrungen mit Skinheads gemacht hatten oder einfach ein negatives Bild von Menschen ohne Haare haben. Vielleicht hat dich deine erste große Liebe – eine schlanke blonde Frau – auf eine sehr unschöne Weise verlassen, und jetzt hast du ein Problem mit allen schlanken blonden Frauen. Sie rufen den alten Schmerz in dir wieder wach, das ist dir aber nicht bewusst, sondern du kannst sie einfach nicht leiden und wirfst ihnen alles Mögliche vor. Auch dieser Punkt ist nicht so häufig.
3. Die andere Person spiegelt dir etwas, was du gern hättest. Da du es aber nicht hast (und vielleicht nicht einmal weißt, dass du es gern hättest), verurteilst du diesen anderen Menschen. Vielleicht ist es jemand mit einem sehr souveränen Auftreten, mit viel Geld, viel Einfluss, einer harmonischen Familie oder was auch immer. Ganz schnell sagst du dann: »Arroganter Sack!« Diese Art der Spiegelung kommt sehr häufig vor, ebenso wie die zweite Art der Spiegelung unter Punkt 4.
4. Die andere Person spiegelt dir etwas, was du an dir selbst nicht leiden kannst. Vielleicht ist sie geizig im Umgang mit anderen – und dir ist nicht bewusst, dass auch du nicht unbedingt freigiebig mit anderen bist, sei es mit materiellen Dingen oder auch mit Informationen und Wissen. Der andere Mensch erinnert dich in seinem Verhalten an etwas, was du ebenfalls auf irgendeine Weise tust, aber nicht wahrhaben möchtest.

4+1. Abneigungen unter Menschen gibt es außerdem aufgrund von Religionszugehörigkeit, Hautfarbe, sexueller Orientierung und Ähnlichem. Hier sind wir im Bereich der Vorurteile. Es sind von uns Menschen konstruierte Themen.

Was auch immer du für Abneigungen gegenüber anderen Menschen hast, du kannst die Ursache dafür in einem dieser 4 + 1 Themenbereiche finden. Wenn dir das klar ist, kannst du dich aktiv darum kümmern, mit den Leuten in deinem Umfeld besser klarzukommen.

Du kannst schauen, was andere in dir auslösen, und dort Bewusstheit hineinbringen. Dann hast du mit den anderen kein Problem mehr. Du kannst irgendjemanden vielleicht immer noch nicht leiden, aber du kannst anders damit und mit ihm umgehen und bist dann auch kein Opfer mehr.

Benjamin Werndl

Wie definierst du den Begriff »Karriere«?
Karriere bedeutet für mich eine Reise mit Höhen und Tiefen, fokussiert auf ein oder mehrere Ziele.

Welches sind deine drei bis fünf Schlüsselfaktoren für eine erfolgreiche Karriere?
Zunächst Ziele/Vision definieren, dann Konzentration auf die Entwicklung. Der Erfolg kommt durch die Entwicklung. Freiheit, sich selbst auszuprobieren. Fehler machen dürfen, sie als Teil des Prozesses sehen und aus ihnen lernen. Auch Niederlagen sind Teil dieses Entwicklungsprozesses. Konzentration auf das Hier und

Jetzt. Auch das ist ein Lernprozess und trainierbar. Genießen. Nicht die Ziele sind der eigentliche Antrieb, sondern der Weg, jeder Moment davon. Hinter allem steht eine Mission. Genügend Regeneration.

Was sind für dich die drei bis fünf größten Karrierekiller?
Zu starke Konzentration auf den Erfolg. Angst davor, Fehler zu machen. Zu perfekt sein zu wollen. Zu viel Vergleich mit anderen. Zu wenig Regeneration.

Deine Arbeit mit Holger
Holger hat mir auf meinem bisherigen Weg sehr geholfen, gerade in vielen Schlüsselmomenten. Anfangs hatte ich immer ein bisschen Angst, in eine Art Abhängigkeit von einem Coach zu kommen. Das war bei Holger aber gar nicht der Fall. Durch ihn habe ich gelernt, meinen Fokus auf meine Entwicklung in verschiedensten Bereichen zu legen und nicht so sehr auf den Erfolg. Seitdem bin ich in vielem erfolgreicher.

Benjamin Werndl *ist in den Top 10 der Weltrangliste im Dressurreiten sowie einer der Top-Trainer in der Dressur.*

Es menschelt immer

Rein statistisch betrachtet ist es offenbar so: Wenn du einen Raum betrittst, in dem zehn Menschen sitzen, werden dich immer zwei super finden, egal was du sagst oder tust, und zwei werden dich ablehnen. Den anderen sechs bist du egal. Sie sind neutral. Wir haben in Deutschland gut 80 Millionen Einwohner und das heißt:

Etwa 16 Millionen Menschen haben ein Problem mit dir. Aus den 4 + 1 Gründen.

Klingt nicht schön, ist aber einfach so. Weitere 16 Millionen finden dich super. Dem Rest bist du mehr oder weniger egal. Wer aber hat den meisten Einfluss auf dich? Das sind üblicherweise die, deren Gunst du nicht hast. Die willst du überzeugen, dass der Fehler bei ihnen liegt und du klasse bist. Vielleicht schaffst du das sogar, aber dann finden dich plötzlich diejenigen nicht mehr gut, die dich vorher auf ganz natürliche Weise mochten.

Es macht also viel mehr Sinn, sich mit den Menschen zu befassen, die uns mögen. Oft beruht das ja ohnehin auf Gegenseitigkeit. Mit den anderen, die uns nicht leiden können, können wir einen guten und friedlichen Umgang finden. Und mit den übrigen sowieso.

Im Beruf ist das die Voraussetzung dafür, dass wir weiterkommen, dass wir leistungsfähig sind, nicht von allen möglichen Querelen abgelenkt werden und dass wir eines Tages immer mehr Verantwortung und Führungsaufgaben übernehmen können. Außerdem werden genau diejenigen, mit denen du ein Thema hast, zur größten Chance für deine Weiterentwicklung. Wenn du immer diesen Schritt zurück machst und dich fragst, was das Störende mit dir zu tun hat, was dir der andere zeigt, kannst du immer mehr Licht ins Dunkel deines eigenen Wesens bringen. Du kannst blinde Flecken auflösen. Und je besser du dich selbst kennst und je klarer du in dir selbst bist, umso weiter kommst du natürlich auch auf deinem Lebensweg.

Menschen, mit denen wir ein Thema haben, bringen uns sehr viel weiter als diejenigen, die wir einfach dufte finden. Mit denen fühlen wir uns wohl, sie können uns auch mal aufbauen. Unsere Entwicklung pushen aber die anderen.

Hast du diese Zusammenhänge einmal verstanden, gehst du ganz anders mit deinen Kolleginnen und Kollegen um. Die Konflikte reduzieren sich allein dadurch, dass du eine andere Herangehensweise gewählt hast. Eine konstruktive, in der du nicht das Opfer bist und auch niemanden zum Opfer machen musst. Der grundlegende Unterschied liegt in dem genannten Schritt zurück. Statt zu sagen: »Der Arsch!«, sagst du: »Stopp! Was genau löst dieser Mensch in mir aus, und was hat das mit mir zu tun?« Du machst das Thema zu deinem, und dann kannst du auch damit umgehen. Mit den Themen des anderen können wir nämlich nichts anstellen.

Viele Menschen bleiben ewig lang in dem Zug »Meine Kollegen sind doof«, manche sogar bis zur Endstation. Und was erleben sie? Frust, Ärger, Energieverlust, Krankheit vielleicht, immer wieder Kündigung und Flucht und insgesamt wenig konstruktive Kraft für ihre Karriere, kaum Unterstützung von anderen, wenig Gutes.

Du hast die Wahl.

Eigendynamik von Gruppen

Mach dir bewusst, dass gut geführte Gruppen sehr viel erreichen können. Überlässt man sie aber sich selbst, kann es nur zu leicht passieren, dass sie ineffektiv werden und die Einzelnen ihre Energie verschwenden. In einer üblichen Firma drehen sich mindestens 80 Prozent der Gespräche in der Kaffeeküche und im Flurfunk darum, was alles furchtbar ist, was alles schief läuft, was alles anders sein müsste, was fehlt und wie doof die Chefs oder die Kollegen sind.

Daran teilzunehmen kostet unglaublich viel Energie und natürlich auch Zeit, die du nicht für deine eigentlichen Aufgaben und Ziele aufwendest. Bist du in einem Zug mit der Anzeige »Mein

Chef ist scheiße«, dann sitzen um dich herum natürlich auch nur Menschen, die das genauso sehen. Und dann könnt ihr die ganze Fahrt über meckern und jammern. Wo aber bleibt der Raum, sich um die eigene Weiterentwicklung zu kümmern?

Mach dir solche Zusammenhänge immer wieder bewusst. Erinnere dich daran, wie wir Menschen ticken. Und steig von überall dort aus, wo es für dich nicht passt. Vor allem aus jedem Gejammer und Gemecker. Du kannst der Gestalter deines Lebens und deiner Karriere sein, wenn du dich nirgends zum Opfer machst oder machen lässt.

Alle Menschen, die mit dir ein Problem haben oder mit denen du ein Problem hast, sind deine Lerngeschenke. Durch sie kannst du wesentliche Dinge lernen und brauchst nicht einmal dafür zu bezahlen.

Auf deinem Karriereweg von A nach B brauchst du Mitstreiter. Mitspieler, Unterstützer, Sparringspartner, Austausch. Wenn deine Ausstrahlung anderen gegenüber vorrangig Ablehnung, Kritik oder Arroganz zeigt, wirst du nicht weit kommen.

Denn was wir sagen, ist das eine, was unsere Bäuche von sich geben, hat ein viel größeres Gewicht und wird von den anderen bewusst oder unbewusst stärker wahrgenommen. Du spürst auch bei anderen, wie sie dir gegenüber eingestellt sind – völlig egal, was sie sagen. Und wenn sich das nicht gut anfühlt, wirst du sie nicht unterstützen.

Unterstützen heißt dabei nicht, anderen in den Hintern zu kriechen. Auf diese Weise kann man vielleicht auch mal Erfolg haben, sicher aber nur kurzfristig.

Unterstützen heißt, sich mit Wertschätzung zu begegnen, aneinander zu lernen und sich ehrlich auszutauschen, sich zu fördern.

Auf eine gewisse Weise setzen wir andere immer so ein, wie es für unseren eigenen Weg am besten ist. Das muss kein Ausnutzen sein. Es kann absolut im Sinne eines Win-win passieren. Vielleicht unterstützt du sogar eine Kollegin dabei, die nächste Stufe der Karriereleiter zu meistern. Natürlich hättest du auch selbst diesen Step machen können, aber wenn du jetzt neidisch bist, bremst du dich selbst in deiner eigenen Entwicklung aus.

Ganz sicher wird irgendeine andere Tür für dich aufgehen, eine, die normalerweise noch besser zu dir passt, sodass es auch auf deinem Weg gut vorangeht.

Vielleicht unterstützt dich diese aufgestiegene Kollegin nun ihrerseits, du wechselst die Firma oder du nutzt die Situation als letzten nötigen Anstoß, dich selbstständig zu machen, was du eigentlich schon lange wolltest. In einem unterstützenden Klima ist mehr positive Entwicklung möglich als in einem von Hauen und Stechen, Neid und Ablehnung. Wir brauchen immer andere Menschen, um von A nach B zu kommen. Seien es Kollegen, Vorgesetzte, Mitarbeiter, Auftraggeber oder Kunden.

Alle in unserem Umfeld haben Botschaften für uns. Wollen wir sie hören?

Genau genommen können wir alle Menschen um uns herum als Unterstützer für unseren Weg ansehen. Natürlich sind die anderen nicht alle für uns da. Sie verfolgen ihre eigenen Ziele und sind auf ihrem Weg unterwegs. Aber sie beeinflussen uns, und wir können bestmöglich damit umgehen. Klar ist auch: Wenn wir eine Kollegin immer schlecht behandelt, ignoriert, als dumm oder träge abgestempelt haben, wird sie uns kaum helfen, wenn wir mal eine Information oder ihre Expertise brauchen.

Nicht nur fühlt sich ein wertschätzendes Miteinander besser an, es hilft einfach auch weiter. Menschen brauchen einander, so ist es nun einmal. Es muss nicht alles harmonisch sein, und es muss in einer Firma auch nicht freundschaftlich zugehen. Du musst auch nicht alle mögen. Aber du kannst einen Weg finden, mit allen gut auszukommen, soweit es die Aufgaben im Job verlangen. In einer Firma lernen wir eine Menge darüber, mit den unterschiedlichsten Persönlichkeiten klarzukommen, denen wir uns im Privaten teilweise nie angenähert hätten. Das schult ungemein, gerade für einen Karriereweg.

Reflexion:
Fragen zu Kolleginnen und Kollegen

- Wie komme ich grundsätzlich mit anderen Menschen zurecht?
- Wie ist mein Verhältnis zu meinen Kolleginnen und Kollegen?
- Mit wem habe ich aktuell ein Thema?
- Was ist da los? Was wird mir gespiegelt? Und was lerne ich daraus über mich selbst?
- Kann ich das Lerngeschenk dankbar annehmen?
- Kann ich mir ebenso wie der anderen Person vergeben, verzeihen?
- Welche Themen tauchen zwischen mir und Kollegen immer wieder auf?
- Was ist mein Anteil daran?
- Wie gehe ich auf die anderen zu?
- Wie gehe ich mit den anderen um?
- Befolge ich selbst die einfachsten Regeln im Umgang miteinander – grüße ich die anderen, formuliere ich Bitten und bedanke mich?

- Kann ich mich entschuldigen, wenn ich einen Fehler gemacht habe?
- Teile ich meine Lorbeeren, an denen andere ihren Anteil hatten?
- Bin ich wertschätzend anderen gegenüber, bin ich hilfsbereit?
- Wen kann ich nicht leiden, und was könnte er mir mit seiner Art oder seinem Verhalten spiegeln?
- Wer kann mich nicht leiden, und was kann ich daraus lernen?
- Wo oder mit wem kann ich etwas klären?
- Wo kann ich auf jemanden zugehen, der offensichtlich ein Problem mit mir hat?
- Wo kann ich mich endlich aus alten Geschichten befreien?
- Wen kann ich auf seinem Karriereweg unterstützen?

Wenn es irgendwo Streit gab, dann löse ihn. Es sind ja oft ganz banale Dinge – jemand isst dem anderen sein Butterbrot weg, und man wird sich nicht einig, ob der Name dran stand oder nicht (ich übertreibe nur ganz wenig). Du kannst jetzt jahrzehntelang sauer auf diesen Kollegen sein, der dir dein Frühstück geklaut hat. Du kannst aber auch den besagten Schritt zurücktreten und dich fragen, was wirklich los ist und was dir wichtig ist. Vielleicht hat der andere dir etwas weggenommen, vielleicht nicht, vielleicht unwissentlich, vielleicht auch mit Absicht. Dir hilft es, den Streit beizulegen und ihm zu verzeihen. Vielleicht hast du das Brot ins falsche Kühlschrankfach gelegt, möglicherweise stand wirklich kein Namen dran. Was auch immer los war, lässt sich nicht mehr beweisen. Du aber kannst dich erinnern, dass du sicherlich auch schon einmal jemanden etwas weggenommen hast.

Und du kannst auf ein Blatt Papier schreiben: »Ich lege diesen Streit bei. Ich vergebe mir, und ich vergebe XY.« Dieses Blatt kannst du dann beispielsweise voller Dankbarkeit verbrennen und die Asche in einen Fluss streuen. Damit bekräftigt du, dass du die Angelegenheit auflöst, loslässt und ein weiteres Lerngeschenk für deine Entwicklung angenommen hast. Vielleicht musst du dieses kleine Ritual zwei- oder dreimal machen. Das aber hilft dann wirklich.

Karrierevermieser

Es sind die beiden größten Hürden, warum jemand nicht gern zur Arbeit geht: blöde Mitstreiter und blöde Chefs. Und jeweils kannst du bei dir ansetzen und von deiner Seite aus die Lerngeschenke annehmen und die Konflikte auflösen. Wenn das alles nicht geht, kannst du immer noch die Firma wechseln. Aber auch das muss nicht voreilig passieren.

Du erinnerst dich an die Statistik, die ich erwähnte? Mit zwei von zehn Leuten werden wir immer Probleme haben. Aber wir müssen sie nicht befeuern, müssen Schwierigkeiten nicht ausufern und uns davon nicht beeinträchtigen lassen. Wir können es entemotionalisieren. Wir kennen die 4 + 1 Gründe für Abneigung. Und wir wissen, die anderen sind so, wie sie sind. Wir können manche nicht leiden, uns können manche nicht leiden. Und man kann trotzdem vernünftig miteinander auskommen, insbesondere im Beruf.

Ich habe in den letzten Kapiteln immer wieder den Begriff »Lerngeschenk« verwendet. Was genau hat es mit diesem Begriff auf sich?

Um mit Menschen, mit denen man ein Problem hat, besser und gesünder klarzukommen, muss man die Sache entemotionalisieren. Und das beginnt, wie schon geschrieben, immer bei mir selbst. Nur so habe ich die Chance, bei mir zu bleiben und mich nicht zum Opfer anderer zu machen. Entemotionalisieren kann ich eine belastende Beziehung am besten, wenn ich einen entsprechenden Begriff festlege, der mir dabei hilft, eine andere Gefühlsebene im Umgang mit dem anderen Menschen zu erreichen und mir vielleicht sogar ein kleines Lächeln auf meine Lippen zu zaubern. Genau dafür habe ich für mich den Begriff »Lerngeschenk« erschaffen.

Lerngeschenk deshalb, weil ich weiß, dass mich dieser Mensch, so wie er ist, dabei unterstützt, mich weiterzuentwickeln. Ich lerne von ihm. Und das Tolle an der Geschichte ist, dass das völlig kostenfrei ist. Deshalb Lerngeschenk!

Wenn ich ganze Firmen oder Abteilungen coache, kommt es vor, dass sich einzelne Kollegen anschließend jeden Morgen begrüßen mit: »Moin, Lerngeschenk!«

Spürst du, was das gleich für einen Abstand hineinbringt? Wie trotz allem Stress mit dem jeweils anderen Menschen ein kleines Schmunzeln entsteht?

Wenn einmal ausgesprochen ist, dass man ein Thema miteinander hat, ist der Zündstoff schon raus. Vor allem, wenn beide die Bereitschaft zeigen, daran zu lernen und das Miteinander nicht vom Streit überschatten zu lassen. Aber auch, wenn die andere Seite diese Bereitschaft nicht mitbringt, kannst du durch deine Firma gehen und dich freuen, wenn dir das eine oder andere deiner Lerngeschenke über den Weg läuft.

Wir brauchen die anderen immer für unseren weiteren Weg.

Viele haben so ein Bild von Karriere, dass man dabei die anderen ausnutzen und ausstechen muss. Und dass der am weitesten kommt, der am rücksichtslosesten vorgeht. Es mag solche Beispiele geben, aber ich bin überzeugt davon, dass es so auf jeden Fall nicht nachhaltig funktioniert. Der Karmabus – oder um in unserem Bild des Karrierebahnhofs zu bleiben: der Karmazug – hält überall. Und er hält vorzugsweise dort, wo es einem wehtut.

Menschen, die ausschließlich ihre Ellbogen gebrauchen, um voranzukommen, trifft es dann meist an einer anderen Stelle, in ihren Beziehungen, ihrer Gesundheit oder sie verlieren ihr Geld wieder. Nachhaltige Karrieren leben immer davon, dass man von anderen unterstützt wird und seinerseits unterstützend ist.

Unsere Zeit hat sich viel stärker in diese Richtung verändert. Künftig wird das Miteinander immer noch wichtiger werden, weil wir einfach erkannt haben, dass es in dieser Welt nur miteinander gehen kann.

Anregung:
Wenn die Speiche *Kollegen und Mitspieler* wackelt oder angeknackst ist

Auch diese Speiche des Erfolgsrades kann sehr schnell andere in Mitleidenschaft ziehen. Nur sehr selten gibt es Menschen, die sich jahrelang mit ihren Kollegen herumärgern und parallel dazu eine glückliche Beziehung führen, gesund sind, auf mentale und emotionale Hygiene achten und einfach einen guten Erfolgsweg gehen. Im Bereich des Umgangs mit den Kollegen (oder auch Kunden) kannst du – wie beschrieben – sehr viel selbst in die Hand nehmen. Wie sich deine Beziehungen gestalten, bestimmst zu einem großen Teil du selbst.

Zu einer Karriere gehört es immer dazu, dass wir mit den unterschiedlichsten anderen Menschen gut klarkommen. Im Kollegenkreis kannst du das vom ersten Tag deines Ausbildungs- und Arbeitslebens an trainieren.

Angelique Kerber

Wie definierst du den Begriff »Karriere«?
Disziplin, Vertrauen, Glaube, harte Arbeit, nicht Aufgeben, gutes Team.

Welches sind deine drei bis fünf Schlüsselfaktoren für eine erfolgreiche Karriere?
Ganz oder gar nicht. Halbe Sachen funktionieren nicht. Leidenschaft, Liebe zu dem, was man tut, aus Niederlagen lernen und sich weiterentwickeln. Das Ziel vor Augen haben und sich immer wieder motivieren. Von nichts kommt nichts.

Angelique Kerber *ist ehemalige Nr. 1 der Weltrangliste im Tennis und dreimalige Grand-Slam-Gewinnerin.*

Sechste Speiche des Erfolgsrades: Körper

»Tu deinem Körper Gutes, damit die Seele Lust hat, darin zu wohnen.«

Teresa von Ávila

Dass der Körper zu einem Karrierekiller – und zu einem Killer von Lebensfreude und Lebendigkeit – werden kann, dürfte jedem klar sein. Zahllose Menschen werden durch gesundheitliche Probleme ausgebremst, können ihre Leistungsfähigkeit oder überhaupt ihre Berufstätigkeit nicht im gewünschten Maße fortsetzen oder haben zumindest ab einem bestimmten Alter nicht mehr den Schwung und die Kraft für ihre Karriere. Dieses Wissen, wie bedeutsam die körperliche Gesundheit auch für unsere Karriere ist, führt leider nicht dazu, dass wir wirklich dafür sorgen, gesund zu bleiben. Dass wir uns ausreichend bewegen, sinnvoll ernähren und uns eine stimmige Balance zwischen Aktivität und Ruhe einrichten.

Wenn ich Menschen frage, was sie für ihren Körper tun, kommt fast immer wie automatisch: »Ich gehe joggen.« Oder: »Ich gehe ins Fitnessstudio.« Oder sie sagen: »Na ja, ich jogge nicht.« Oder eben: »Hm, ich gehe zurzeit nicht ins Fitnessstudio.«

Als ob es nur das Joggen oder das Fitnessstudio gäbe.

Es ist nichts dagegen einzuwenden, regelmäßig moderat laufen zu gehen. Aber wenn es das Einzige ist, was man für seinen Körper tut (oder meint tun zu können oder zu müssen), ist es sehr einseitig und nicht ausreichend. Außerdem kennen die meisten hier kein Maß. Gerade bei karriereorientierten Menschen muss es immer gleich der Marathon sein, den sie laufen. Gewohnt, Hochleistungen zu bringen und dabei wenig auf die Regenerationsbedürfnisse von Körper, Geist und Psyche zu achten, verschleißen sich nicht wenige dann auch in irgendeinem Extremsport.

Viele, die in der Leistungsmaschinerie drinstecken, projizieren diese Haltung auch auf den Sport und glauben noch, dass das gesund sei. Ist es aber in den meisten Fällen nicht. Es wird einfach der Stress aus einem Bereich (seelisch-emotional) auf den nächsten (körperlich) verlagert.

Viele überambitionierte Läufer wollen dem Burn-out entfliehen und rauschen dennoch an die Wand – vielleicht etwas gesünder, manchmal aber auch schneller oder deutlich härter.

Viel sinnvoller ist es aus meiner Erfahrung, zu lernen, den Körper erst einmal rundum zu aktivieren. Wir sind meist über Jahrzehnte in einseitigen Alltagsgewohnheiten gefangen, viele sitzen beispielsweise den Großteil ihrer wachen Zeit. Einseitig ausgeübter Sport hilft da nicht. Vielmehr sollte es darum gehen, alle Körperbereiche, große und kleine Muskeln gleichermaßen wieder gezielt ansteuern zu lernen und so zu kräftigen, dass sie bis ins Alter leistungsfähig bleiben. Das geht am besten mit ganz einfachen und oft unscheinbar wirkenden Übungen mit dem eigenen Körpergewicht, anfangs idealerweise in einem Eins-zu-Eins-Training mit einem Experten. Gerade wenn jemand längere Zeit keinen Sport gemacht hat – oder ausschließlich joggen war –, ist so etwas unbedingt zu empfehlen.

In einem gesunden Körper fühlt sich ein wacher Geist wohler.

Karriere, egal in welchem Bereich, heißt Weiterentwicklung – und die betrifft auch den Körper. Auch unsere physische Basis will nicht nur gepflegt sein, sondern auch immer wieder so gefordert, dass sie sich weiterentwickeln kann. Ansonsten bildet sich insbesondere die Muskulatur mit zunehmendem Alter immer schneller zurück. Das zieht dann all die Gebrechen nach sich, die wir heute von den meisten alten Menschen kennen. Je mehr Schwierigkeiten wir körperlich haben, umso weniger Sport und Bewegung geben wir unserem Organismus, und das wiederum lässt die Beschwerden noch stärker werden, bis wir aus diesem Kreislauf irgendwann gar nicht mehr herauskommen und unsere Zeit bei Ärzten und Therapeuten absitzen. Mit dem Alter muss das aber gar nichts zu tun haben, vielmehr mit unserer Art, mit dem Körper umzugehen. Selbst im hohen Alter lassen sich Muskeln trainieren, es geht dann langsamer, aber es geht. Und das ist wichtig.

Marco Caligiuri

Wie definierst du den Begriff »Karriere«?
Eine Karriere hängt für mich stark mit Entwicklung zusammen. Eine stetige persönliche sowie auch berufliche Entwicklung mit nachweislichen Erfolgen.

Welches sind deine drei bis fünf Schlüsselfaktoren für eine erfolgreiche Karriere?

- Eine richtige (ehrliche) Selbstreflexion, meist nur mit Blick von außen möglich in Form von einem Mentor, Coach, der Familie et cetera. (Wie verhalte ich mich? Wo stehe ich gerade wirklich?)
- Auch kleine Entwicklungsschritte erkennen und wertschätzen und daraus Motivation schöpfen.
- Innere Bestimmung finden und dadurch den inneren Antrieb wecken. (Was erfüllt mich, und worin gehe ich leidenschaftlich auf?)

Was sind für dich die drei bis fünf größten Karrierekiller?

- Andere Personen oder sonstige Umstände für das eigene Schicksal verantwortlich machen.
- Das Gefühl, etwas aufholen zu müssen, was man in der Vergangenheit verpasst hat. Enormer Druck.
- Vergleiche mit anderen.
- Den Blick für das Wesentliche verlieren.
- Ungesunde Beziehungen und Suchtverhalten in Bereich von Wett- und Computerspielen, Alkohol und Social Media.
- Nur reagieren, statt zu agieren.
- Schlussendlich resignieren.

Deine Arbeit mit Holger
Holger Fischer ist eine außergewöhnliche Persönlichkeit mit dem Blick für das große Ganze. Er schafft es mit seiner Gelassenheit und seiner spielerischen, professionellen Art, auch in den schwierigsten Momenten Hoffnung und Zuversicht zu versprühen. Vielen Dank, Holger, dass du mich nun seit mehr als einem Jahrzehnt unterstützt.

Marco Caligiuri *ist ehemaliger Fußballprofi mit über 300 Spielen in der 1. und 2. Bundesliga und Inhaber der Caligiuri Sports GmbH.*

Moderate Bewegung

Wenn du lange nichts für den Körper getan hast, dann beginne damit, ihn wieder vollständig zu aktivieren. Ganz gemäß den Grundprinzipien im Training »vom Einfachen zum Schweren« und »vom Kleinen zum Großen«. Du bringst wieder ein Gleichgewicht in die Muskulatur, denn im Alltag verkümmern einfach ganz viele Muskeln. Wenn du dann nach einer Zeit wieder alle Muskeln ansteuern kannst und eine gewisse Stabilität hineingebracht hast, dann kannst du, wenn du das willst, auch mit dem Joggen anfangen. Dann nämlich wird es – moderat und nicht übertrieben – wirklich auch etwas Gutes für deinen Körper sein. Joggen sollte für Balance sorgen. Aktivität nach dem langen Sitzen. Bewegung im Körper nach stundenlanger Bewegung im Kopf.

Damit es dich regenerieren kann, sollte der Puls beim Laufen je nach Alter etwa bei 110 oder 120 sein. Also sehr viel niedriger, als die meisten von uns glauben.

Das heißt, sehr langsam und gemütlich zu laufen – zumindest am Anfang, wenn der Puls sofort höher gehen würde, sobald wir schneller werden. Anfangs wirst du vielleicht einfach zwei Minuten joggen, dann zwei Minuten gehen, wieder zwei Minuten joggen – immer im Wechsel.

Insgesamt braucht es nicht länger als eine halbe Stunde zu sein. Für mehr ist unser Körper eh nicht gemacht.

Auch wenn es heißt, dass wir in ganz frühen Zeiten der Menschheitsentwicklung 20, 30, 40 Kilometer am Tag gelaufen sein sollen, war das nie ein schnelles Laufen über einen längeren Zeitraum. Vielleicht mussten wir mal vor einem Raubtier wegrennen. Aber das macht man einige 100 Meter und nicht mehr.

Stattdessen sind wir gegangen oder leicht getrabt oder getrottet, nur so lassen sich lange Distanzen überwinden. Ein Marathon ist wirklich ein Extrem – und nicht von ungefähr ist der Bote in der Antike, der der Überlieferung gemäß den ersten Marathon lief, nach Kundtun der Botschaft tot zusammengebrochen. Auch wenn seine damalige Strecke wohl deutlich länger war als unser heutiger Marathon, ist die Symbolik darin deutlich.

Ein Marathon ist nichts, was unserer Gesundheit dient. In der Traditionellen Chinesischen Medizin (TCM) wird meines Wissens gelehrt, dass jeder gelaufene Marathon unser Leben um ein Jahr verkürzt.

In unserer Kultur aber denken immer noch viel zu viele Menschen, vor allem solche, die Ehrgeiz in ihrer Karriere an den Tag legen, dass sie auch aus ihrem Körper das Maximum herausholen müssten und dass es beim Joggen darum ginge, so schnell wie möglich und so lang wie möglich zu laufen. Auf genau diese Weise kann man nicht nur seine Gesundheit, sondern auch seine Karriere gegen die Wand fahren.

Im Sport sollte immer der Grundsatz gelten: vom Einfachen zum Schweren, vom Kleinen zum Großen.

Die meisten, die Karriere machen, sind sehr schnell im Kopf, und es fehlt ihnen an Geduld. Dennoch ist genau die nötig, um einen lange nicht trainierten Körper wieder in Schuss zu bringen. Viele übertreiben mit dem Sport auch deshalb, weil sie sich dadurch spüren können. Wer läuft, bis er fast umfällt, ist zwangsläufig mit seinem Gespür im Körper. Wenn am nächsten Tag der Muskelkater einsetzt, ist ebenfalls wieder ein Körpergespür da, wie es im Alltag oftmals fehlt. In Wirklichkeit aber bringt es nichts, einen Stress mit dem nächsten ausgleichen zu wollen.

Gerade in anstrengenden Lebensphasen merken wir oft, dass es uns körperlich nicht so gut geht. Und dann wollen wir mit Sport anfangen, um das auszugleichen. Genau jetzt aber sollten wir nichts Anstrengendes zusätzlich auf die Tagesordnung setzen. Leichte Übungen, um den gesamten Körper ansteuern zu können, Dehnungen, gezielte Kräftigung einzelner Muskeln – alles sehr moderat und eher genussvoll – das wäre jetzt der gesunde Ausgleich, der uns insgesamt stabilisiert. Keinesfalls der Angriff auf den Marathon.

Von einem moderat trainierten und lebenslang gut aufgebauten Körper profitieren wir vor allem im Alter.

Alles, was mit Körperbewusstsein zu tun hat, kommt aus meiner Sicht im Business immer noch viel zu kurz. Joggen, Marathon, Triathlon – das sind die drei Dinge, die Karrieremenschen üblicherweise zum Thema Körper einfallen. Dabei ist hier weniger sehr viel mehr. Anfangs kann man sich komisch dabei vorkommen, langsam vor sich hin zu traben und nach spätestens einer halben Stunde schon wieder zu Hause zu sein. Genau dieses moderate Laufen aber kann den Körper gut regulieren. Kombiniert mit einem ausgewogenen Muskeltraining lässt sich so wirklich ein Ausgleich im Leben schaffen, und der Körper kann sich gesund weiterentwickeln. Auch Yoga oder Pilates kann ideal sein. Alles ohne Leistungsdruck. Den haben wir in anderen Lebensbereichen schon genug.

Reflexion:
Fragen zum Körper

- Wie gehe ich mit meinem Körper um?
- Entwickle ich meinen Körper ausgewogen weiter?
- Mache ich Sport?
- Wie mache ich Sport?
- Kann ich alle Muskelgruppen in meinem Körper gezielt ansteuern?
- Sorge ich für Muskelaufbau, um dem natürlichen Abbau im Alter entgegenzuwirken?
- Wie oft mache ich einen Ganzkörpercheck beim Arzt?
- Wie viel Geld gebe ich für die Entwicklung meines Körpers aus?
- Wie ernähre ich mich?
- Tu ich meinem Körper Gutes?
- Schenke ich mir genug Erholung und Freiraum?
- Wie fit möchte ich im Alter sein? Und was tue ich dafür?

Der Körper als Ratgeber

An unserer Sprache merken wir sehr deutlich, dass unser Körper immer auf unsere Befindlichkeit im Leben reagiert. Wir sagen beispielsweise, uns sei eine Laus über die Leber gelaufen, etwas ginge uns an die Nieren, etwas schlage uns auf den Magen oder schnüre uns den Hals zu, wir spüren eine Last auf den Schultern und ähnliches mehr.

Anhand von körperlichen Symptomen können wir daher bemerken, wo unsere Themen liegen, die wir uns mal anschauen sollten. Dann nämlich braucht unser Körper auch nicht erst ein schwereres Leiden auszubilden.

Der Körper kann viel ausgleichen, aber irgendwann ist Schluss. Meist merken wir es in unseren Vierzigern, wie es anfängt, abwärtszugehen. Spätestens dann wird es wichtig, auf eine gesunde Weise etwas für den Körper zu tun. Sich sinnvoll zu ernähren natürlich und in der beschriebenen Weise Sport zu machen.

Ich rege meine Klienten auch immer an, sich ein Hobby zu suchen, bei dem sie in Bewegung sind und sich ohne Leistungsdruck weiterentwickeln können. Je nach Alter und Typ beispielsweise Kampfsport oder Golf. Beim oft unterschätzten Golf lernt man Demut und Ruhe, pflegt soziale Kontakte, ist an der frischen Luft an meistens sehr schönen Plätzen in der Natur und läuft so einige Kilometer. Man hat Ziele, die man aber nicht mit Stress, sondern aus der Ruhe heraus nach und nach umsetzen kann. Golfspieler werden durchschnittlich tatsächlich älter.

Auf der anderen Seite gibt es Boxen oder Kickboxen, bei denen man aus dem Bauch heraus agiert und auch etwas für den emotionalen Ausgleich tut. Stress wird hierbei gut abgebaut, und der Körper entwickelt sich ebenfalls weiter. Die aggressive Seite, die in uns Menschen ganz natürlich angelegt ist, kann hier einfach mal gelebt werden. Auch dabei muss der Körper natürlich zuerst so weit aufgebaut werden, dass wir auch in der Lage sind, auf die Boxsäcke und Pratzen einzuschlagen oder zu treten, ohne uns zu verletzen.

Dazu kommen mit der Zeit Sparringsrunden mit geübten Kämpfern, bei denen wir eine Menge über uns lernen können, über Aggression, Angst, Schmerz (auch wenn Profis in einem Kampf mit uns natürlich nicht richtig zuschlagen), Einstecken-Können und so weiter.

Unser Umgang mit Stress im Beruf kann dadurch sehr viel gelassener werden. Wir sammeln in einem nicht beruflichen Bereich Erfahrungen damit, verletzt beziehungsweise getroffen zu werden, angegriffen zu werden, selbst anzugreifen und so weiter. Wir erleben dort mit der Zeit und regelmäßigem Training, dass wir uns trotz lähmender Angst noch wehren können, dass wir handlungsfähig sind. Also genau das, wovon wir eigentlich ausgehen, dass es nicht funktioniert.

Wir durchleben die inneren Abläufe bei Stress und Angst, Angriff und Verletzlichkeit so, dass uns Vergleichbares im Beruf dann nicht mehr aus der Bahn werfen kann. Wir brauchen nicht mehr aus bestimmten Ängsten heraus zu kompensieren, nur um nicht verletzt zu werden, sondern können bestmöglich für uns und unsere Karriere sorgen.

Es geht immer um einen gesunden Ausgleich. Wenn ich Profisportler betreue, brauche ich sie nicht zum Sport anzuregen. Sie ermutige ich eher, Schach zu spielen, ein Fernstudium zu absolvieren oder sich andere Aufgaben für den Kopf zu suchen. Der Kopf bekommt sinnvolles Futter – und das reduziert dann auch wiederum Ängste und Sorgen. Das ganze System ist in Balance. Der Sport, das Hauptfeld der Karriere von Profis in diesem Bereich, kann viel effektiver ausgeführt werden. Denn ein Kopf, der sich langweilt, sucht sich selbst sein Futter. Und wie wir im Kapitel zur

Ratio noch sehen werden, ist das meistens Müll, der uns dann vom Wesentlichen abhält.

Der Körper ist eine Ausdrucksebene unserer physischen, aber auch geistigen und seelischen Verfassung. Er zeigt uns ganz genau, wo und wie wir im Leben stehen. Wenn du gesund Karriere machen willst, bis ins Alter hinein und mit einer hohen Lebensqualität, dann geht das nur, wenn du auch für deinen Körper und dessen Weiterentwicklung sorgst.

Natürlich gehört dazu einen funktionierendes Zeitmanagement. Genau das unterscheidet oftmals die wirklich erfolgreichen Menschen vom Mittelfeld.

Gesundheit ist für mich das Ergebnis dessen, wie ich auf allen Ebenen mit mir umgehe. Ich habe hier den Sport in den Mittelpunkt gestellt, aber natürlich gehen auch eine ausgewogene Ernährung, die Pflege von Ratio und Emotio (die nächsten Speichen des Erfolgsrades) damit einher. Und der Umstand, dass wir ausreichend Freiraum brauchen. Zeit für Muße, Zeit für Genuss und einfaches Sein. Wenn Körper, Geist und Seele harmonisch miteinander auskommen, sind wir mit hoher Wahrscheinlichkeit gesund. Eine Garantie gibt es hier natürlich nicht, doch wir können eine ganze Menge tun. Und dann klappt es auch mit der Karriere deutlich besser.

Denn klar ist umgekehrt auch: Wenn der Körper schlapp macht, wenn also diese Speiche des Rades bricht, dann zieht das viele andere Speichen mit ins Verderben. Die Stimmung sinkt, die Leistungsfähigkeit lässt nach, Beziehungen im Privaten und Beruflichen werden stark belastet und so weiter.

Gesund und fit ins Alter

Ab 40 sind wir oft automatisch dabei, jede Schwäche damit zu begründen, dass wir jetzt alt werden. So stimmt das aber nicht. Wie wir körperlich beieinander sind, ist zu einem sehr hohen Prozentsatz das Ergebnis dessen, wie wir in den letzten Jahren gelebt haben. Es ist so viel mehr möglich, als wir glauben und als wir an den meisten alten Menschen um uns herum sehen. Wir können körperlich sehr fit bleiben, auch wenn wir vielleicht nicht mehr die Kraft, Reaktionsfähigkeit oder Schnelligkeit der Jugend haben! Und auf anderen Ebenen gewinnen wir sogar dazu: durch Erfahrung, gesammeltes Wissen, echte Erkenntnisse und durchgestandene innere und äußere Prozesse. Aus meiner Sicht ist dieser Umschwung längst da, dass wir ältere und alte Menschen im Beruf wieder schätzen lernen und ihre Qualitäten mit Kusshand einsetzen.

Wir werden nicht älter, nur erfahrener.

Eine Karriere übrigens kannst du auch mit deinem Körper machen. Vom Couchpotato zum Genusssportler. Vom Vollwrack zum gesunden Athleten. Vom Schwächling ohne Haltung zum durchtrainierten aufrechten Menschen. Setz dir dein Ziel und geh los. Verfolge das Ziel, bis du richtig das Bedürfnis hast, dein Sportprogramm zu absolvieren.

Hier spielt natürlich auch die Bereitschaft mit hinein, Geld für die eigene Gesundheit auszugeben. Viele kommen gar nicht auf die Idee, sondern warten immer nur, bis etwas kaputt ist, um es dann vom Arzt reparieren zu lassen – die Krankenkasse zahlt ja. Fitness aber kostet nicht nur Zeit, sondern auch Geld. Geräte, Trainer, vielleicht Massagen und so weiter. Bist du dir das wert?

Wir werden künftig alle länger arbeiten müssen, einfach weil wir älter werden. Mit einem gesunden kraftvollen Körper geht das natürlich sehr viel leichter und angenehmer. Wir geben, ohne groß nachzudenken, Geld aus für Konsum, Luxus, Urlaub und so weiter – und das ist ja auch gut so. Aber wenn es darum geht, in uns selbst und unseren Körper, unsere Gesundheit zu investieren, dann werden wir manchmal zum schwäbischen Schotten, der in jeder Hosentasche nicht nur einen Igel hat, damit das angesparte Geld schön bleibt, wo es ist.

Lass mich dir deshalb zum Abschluss noch von einem 88-jährigen Mann erzählen, den ich bei einem Rennstreckentraining kennengelernt habe. Er machte diese Trainings regelmäßig und war höchstens ein, zwei Sekunden langsamer als die jungen Leute. Man sah ihm sein Alter nicht an, er wirkte sportlich, lebensfroh, hatte perfekte Manieren und war immer noch als Vertriebler beruflich aktiv. Er liebte schnelle Autos, hatte selbst ein schnelles Auto und trainierte deswegen auch regelmäßig das Fahren. Wir bewunderten ihn alle. Er war ein leuchtendes Beispiel dafür, wie man gesund, fit, aktiv und erfolgreich alt werden kann. Natürlich machte er auch regelmäßig Sport, und er hatte nach wie vor Ziele im Leben und jede Menge Spaß und Freude daran.

Anregung:
Wenn die Speiche *Körper* wackelt oder angeknackst ist

Auf die körperliche Gesundheit müssen wir lebenslang achten und am besten nicht erst, wenn sich die ersten Beschwerden zeigen. Aber auch dann lässt sich noch sehr gut gegensteuern. Nutze die reflektierenden Fragen in diesem Kapitel und finde deinen Weg, dich angemessen sportlich zu betätigen und darüber hinaus ganzheitlich auf deinen Körper zu achten und ihm Entwicklungsmöglichkeiten zu geben. Dein Körper ist die Basis deiner Karriere.

Peter Sobotta

Wie definierst du den Begriff »Karriere«?
Der positive und sich stetig verbessernde berufliche, sportliche und persönliche Weg. Natürlich kann es nicht immer nur nach oben gehen. Jeder erlebt Rückschläge. Wenn man fällt, sollte man den Blick trotzdem nach oben richten. Aufstehen, Mund abwischen und weitermachen.

Welches sind deine drei bis fünf Schlüsselfaktoren für eine erfolgreiche Karriere?

- Selbstglaube/Selbstvertrauen. Du kannst fast alles erreichen, was du willst. Du musst nur fest daran glauben und alles dafür tun. Beschneide dich nicht gleich am Anfang, sondern träume groß und arbeite hart.
- Kontinuierlicher Verbesserungsprozess. Im Leben und in der Karriere geht es um Weiterentwicklung. Jeden Tag ein Stück besser, stärker, schneller, schlauer und so weiter.
- Aus der Komfortzone rauskommen. Stell dich deinen Ängsten und deinen Schwächen, bis sie irgendwann zu deinen Stärken werden.
- Neue Reize setzen. Wenn du immer das Gleiche machst, kannst du keine neuen Resultate erwarten.

Was sind für dich die drei bis fünf größten Karrierekiller?

- Falsche Glaubenssätze.
- Verlust des Fokus.
- Aus eigener Erfahrung kann ich sagen, dass zu viel auch nicht gut ist. Man muss die richtige Balance zwischen Anspannung und Entspannung finden. Es drohen Verletzungen und Krankheiten, wenn man ständig im roten Drehzahlbereich ist.
- Schlechtes Umfeld.

Deine Arbeit mit Holger

Ich werde meinem Freund Holger Fischer immer dankbar sein. Im schwersten Moment meiner Karriere hat er mir geholfen, den Glauben an mich selber wiederzufinden. Er hat Türen in mir geöffnet, damit sich mein gesamtes Potenzial entfalten kann.

> **Peter Sobotta** *ist ehemaliger Mixed-Martial-Arts-Weltklassekämpfer der Ultimate Fighting Championship (UFC) sowie Inhaber von Planet Eater, einem der bekanntesten MMA-Studios in Europa.*

Siebte Speiche des Erfolgsrades: Ratio

»Das, was wir tun, ist für unsere Zukunft
weniger wichtig als das, was wir denken.«

Philip James Bailey

Dass ein klares Denken zu einer erfolgreichen Karriere gehört, dürfte ebenfalls selbstverständlich sein. Ein funktionierender Verstand, eine hohe Auffassungsgabe, Know-how im jeweiligen Tätigkeitsbereich, Kommunikationsvermögen, Fähigkeiten zu Planung und Zielsetzung und so weiter sind einfach notwendig – je nach Branche und Tätigkeitsfeld mehr oder weniger.

Wenn die Speiche der Ratio im Rad des Erfolges klappert, liegt das aber fast nie daran, dass jemand nicht intelligent genug wäre, zu schlecht ausgebildet oder inkompetent. Es liegt daran, dass der eigene Verstand nicht geschult ist, nicht trainiert wird und dem Vorankommen deswegen immer wieder in die Quere kommt. Darum soll es hier gehen. Denn diese Faktoren machen deine Ratio zu einem Karrierekiller oder zu einem Erfolgsbooster.

Zunächst einmal ist aus meiner Sicht ganz wichtig zu verstehen, dass unser Gehirn Input braucht. Wenn wir unserem Verstand nichts zu tun geben, dann macht er nicht etwa Pause, sondern er sucht sich eine Aufgabe. Er versteigt sich in ewige Wiederholungen von alten Geschichten, in Ängste und Sorgen, in Befürchtungen und Anklagen, er diskutiert Thesen und Antithesen, breitet alle nur denkbaren Zweifel vor dir aus und alles, was an Negativem nur denkbar ist. Kurz: Er produziert Müll.

In einem Gespräch oder einem Meeting denken wir aktiv: Wir verarbeiten das, was andere sagen, überlegen, machen eigene Aussagen und steuern so unser Denken. Genauso beim Schreiben, Rechnen, Planen, beim Arbeiten am PC. Sobald wir den Gedankenapparat aber nicht bewusst beschäftigen, dann sucht er sich etwas, auf dem er herumkauen kann. Und das ist im Normalfall Müll: Was könnte ich vergessen haben? Was könnte ich falsch gemacht haben? Was könnte Schlimmes passieren? Was hätte ich vorgestern bei diesem Konflikt besser machen können? Warum bin ich so unfähig? Ob mich meine Vorgesetzte nicht mehr leiden kann? Unproduktives und unsinniges Zeug.

Natürlich können wir nicht den ganzen Tag über aktiv in unser Denken eingreifen, um es konstruktiv und sinnvoll zu gestalten und die Denkfähigkeit wirklich zu nutzen. Das schafft niemand. Die meiste Zeit über »denkt es« in uns, und wir sind diesem mentalen Wahnsinn hilflos ausgeliefert. Manchmal sind wir den ganzen Tag über im Stress – und wenn wir am Abend mal innehalten und reflektieren würden, könnten wir merken, dass der meiste Stress ausschließlich in unserem Kopf stattgefunden hat. Wenn nicht sogar die gesamte Ladung.

Viele setzen sich dann vor den Fernseher, um abzuschalten. Sie lassen sich wahllos berieseln, nur um den Gedanken im eigenen Kopf zu entkommen. Gerade in stressigen Phasen passiert das häufig. Denn je mehr Stress wir haben, umso mehr Gedanken sind auch in unserem Kopf – und umso mehr Müll ist dabei.

Beobachte dich im Alltag, und du wirst die eben beschriebenen Phänomene wiederfinden. Die folgende Reflexion bringt dich der Funktionsweise deines Verstandes näher. Sie zu kennen kann ein ganz wesentlicher Erfolgsfaktor auf deinem Karriereweg sein.

Reflexion:
Fragen zum Kennenlernen deiner Ratio

Schließ im Alltag gelegentlich die Augen und frage dich: Was denke ich gerade? Was geht mir gerade durch den Kopf?

Da kommt nichts, richtig?

Frage dich beim nächsten Mal: Worüber habe ich gerade nachgedacht? Was war gerade in meinem Kopf los?

Da dürfte einiges kommen – und du hast vorher nicht gemerkt, was du denkst, richtig?

Unser Kopf hat sein Eigenleben. Und das zieht uns nach unten, wenn wir es zulassen. Wichtig im Umgang mit unserer Gedankenwelt ist daher aus meiner Sicht, immer wieder aktiv einzugreifen. Die Gedanken nicht einfach laufen zu lassen, sondern sie immer wieder zu bemerken und dem Kopf bewusst Futter zu geben, sei es mit Themen aus dem Beruf oder mit irgendetwas anderem. Du hast immer die Wahl: Lässt du es laufen und denkst Müll? Oder greifst du aktiv ein und nutzt deine geistigen Kapazitäten für die Dinge, die dir wichtig sind, die dich voranbringen oder die dich entspannen und erfreuen?

Wir haben uns sehr daran gewöhnt, uns passiv berieseln zu lassen – vom Fernseher, vom Radio, von allen möglichen Internetkanälen. Was wir damit stark gefördert haben, ist, dass unser Gehirn seinem Eigenleben unbehelligt nachgehen kann. Wir nutzen es nicht, sondern lassen zu, dass es seine meist wenig konstruktiven Schleifen dreht. Bewusst gewählte Aufgaben für das Denken helfen dir, da wieder herauszukommen.

Wichtig ist, wirklich aktiv eigene Erfahrungen mit der Gedankenwelt zu machen. Je mehr Müll du passiv durch deine Hirnwindungen laufen lässt, umso weniger kannst du natürlich beruflichen Herausforderungen begegnen und selbstbestimmt deinen Weg gehen. Dafür ist ein geschultes Denkvermögen und eine regelmäßige mentale Hygiene durch Innehalten und Reflektieren unerlässlich.

Kleine Erinnerung: Was denkst du gerade? Was sind deine Themen? Frag dich das ruhig jede Stunde einmal.

Wenn du einfach nur regelmäßig reflektierst, was du gerade denkst, kommt viel mehr Bewusstheit für die Themen hinein, die dich ständig beschäftigen. Dann kannst du aktiv entscheiden, ob du sie weiter zulassen willst, ob es vielleicht an irgendeiner Stelle etwas zu bereinigen oder zu klären gibt und wofür du deinen Kopf künftig nutzen willst. In welche Züge, die an deinem Karrierebahnhof halten, willst du nicht mehr einsteigen und nach welchen willst du ab jetzt Ausschau halten? Vielleicht merkst du beim Beobachten deiner Gedanken, dass du schon wieder im Angstzug bist. Dann kannst du beim nächsten Halt aussteigen und einen neuen wählen. »Klärungsgespräch« steht dann vielleicht auf der Anzeige, »Durchdachte Planung« oder »Freude an der Herausforderung«. Auf jeden Fall etwas Konstruktives, das dich voranbringt.

Unterbrich dich im Alltag immer wieder und beobachte, was das für einen positiven Effekt hat. Die automatisierten Gedankenschleifen werden weniger, und du kannst deine Ratio endlich für das nutzen, wofür sie da ist: zum konstruktiven Denken und zum Gestalten deines Lebensweges.

Auch Meditationen können hierbei wertvoll sein. Am Anfang bieten sich geführte Meditationen an – auch sie berieseln dich in gewisser Weise, indem sie dir vorgeben, in welche Richtung du deine Aufmerksamkeit lenken sollst. Damit aber beruhigen sie dich, und mit etwas Übung bist du immer besser in der Lage, die Aktivitäten in deinem Kopf selbst zu steuern.

Evi Sachenbacher-Stehle

Wie definierst du den Begriff »Karriere«?
Karriere ist für mich ein bestimmter Lebensabschnitt, in dem ich mir in einem Bereich Ziele gesetzt habe und diesen Zielen alles unterordne.

Welches sind deine drei bis fünf Schlüsselfaktoren für eine erfolgreiche Karriere?

- Klar definierte Ziele.
- Der Glaube an mich selbst und meine Ziele.
- Positives Denken.

Was sind für dich die drei bis fünf größten Karrierekiller?

- Zu viel »Denken«, anstatt einfach nur zu machen.
- Negative Gedanken in Verbindung mit dem eigenen Ziel.
- Selbstzweifel.

Deine Arbeit mit Holger
Ich kann die Arbeit mit Holger nur schwer beschreiben. Er hat die Fähigkeit, meine Gedanken in eine bestimmte Richtung zu bewegen, die ich brauche, um an meine maximale Leistungsfähigkeit heranzukommen.

Evi Sachenbacher-Stehle *ist im Skilanglauf und Biathlon mehrmalige Olympiasiegerin, Weltmeisterin und hat zahlreiche weitere Medaillen bei Weltmeisterschaften und bei Olympia gewonnen. Heute ist sie Mama und Unternehmerin.*

Die Gedanken lenken

Am Denken hängt so viel! Wenn dir den ganzen Tag Müll durch den Kopf geht und ein belastender Gedanke den anderen jagt, wirst du dich natürlich auch nicht besonders gut fühlen. Du wirst nicht so leistungsfähig sein, nicht sehr überzeugend wirken und auch nicht allzu überzeugt von dir selbst auftreten. Und das alles nur, weil du deinen Kopf laufen lässt, statt deine Gedanken zu steuern. Vielleicht vergisst du, eine Kundenanfrage zu beantworten oder etwas zu tun, was dir deine Chefin aufgetragen hat. Dann ärgerst du dich darüber, beschimpfst dich, den Kunden oder die Chefin in Gedanken und so weiter. Die üblichen Ratio-Abwärtsspiralen im Kopf, die die Gefühle und die Stimmung mit nach unten ziehen. Doch du kannst – und solltest – die Kaskaden an Gedanken in deinem Kopf, die dort einfach nur gewohnheitsmäßig ablaufen, immer wieder aktiv stoppen und dein Denken gezielt auf etwas Sinnvolles richten.

Reflexion:
Fragen zum aktiven Denken

- Was denke ich gerade?
- Wann habe ich zum letzten Mal aktiv in mein Denken eingegriffen?
- Wie fühle ich mich, wenn ich das Denken einfach so laufen lasse?
- Was macht es mit mir, wenn ich mir aktiv etwas zu denken gebe?
- Wie kann ich aktiv in mein Denken eingreifen? Welche Möglichkeiten der aktiven Gedankenlenkung kann ich auflisten, um sie für mich parat zu haben?
- Wie oft schule ich meine Ratio?

Viele Menschen liegen nachts wach und lassen sich von einer Flut an Gedanken quälen, die sich selten um die Freude auf den Urlaub drehen. Da geht es vielmehr um Sorgen und Ängste, wie man irgendetwas schaffen soll, was alles schiefgehen könnte und was man am nächsten Tag eigentlich gar nicht erleben möchte, während es im Terminkalender steht. Genau jetzt ist das steuernde Eingreifen in das Denken besonders wichtig! Es kann dir die Nacht retten und dir am nächsten Tag viel mehr Produktivität und Überzeugungskraft geben.

Lenk dich also von der Trübsal ab, indem du konstruktiv etwas denkst, statt »es dich denken zu lassen«. Zuerst akzeptiere dich aber selbst mit deiner scheinbaren Unfähigkeit abzuschalten. Sie ist im Moment da und gehört zu dir. Daher kannst du dich damit auch annehmen und akzeptieren.

Zähl dir dann beispielsweise auf, worauf du dich freust. Wofür du dankbar bist. Was du in der letzten Woche alles richtig gut gemacht hast. Oder hör dir ein entspannendes Hörbuch an. Mach ein geistig forderndes Spiel (aber kein aufwühlendes Computerspiel, durch das dein Nervensystem noch weiter hochgejagt wird). Oder lies etwas, wobei du etwas lernst und mitdenken musst. Oder lies seichte Unterhaltung.

Wenn alle möglichen Dinge, die du rein im Kopf oder zumindest noch im Bett liegend machen kannst, nicht helfen, dann steh auf. Quäl dich nicht herum. Wenn du zehn Minuten lang nicht wieder eingeschlafen bist, dann raus aus dem Bett! Lauf ein bisschen herum. Mach dir einen Kräutertee. Schreib dir irgendetwas Positives auf – zum Beispiel was in deinem Leben gerade gut läuft. Räum die Spülmaschine aus oder was auch immer. Lass dich nicht einfach hängen, sondern führe dich aktiv in einen entspannten und positiven Zustand, in dem du dann – meist nach etwa einer Stunde – auch wieder einschlafen kannst.

Unterbrich die Mülllieferungen

Die Ratio können wir als eine Art Muskel ansehen. Wenn sie nicht trainiert wird, geht es rückwärts. Je besser dieser Muskel aufgebaut ist, umso leistungsfähiger bist du und umso mehr kannst du natürlich auch erreichen.

Ist dir mal aufgefallen, dass die meisten Menschen diesen Muskel im Kindergarten trainieren, in der Schule, in der Ausbildung oder beim Studium – und dann ist Schluss? Sobald sie in einem Beruf sind, machen viele einfach immer nur noch dasselbe. Sie trainieren ihren Kopf nicht mehr. Und natürlich wird dessen Leistung dann auch nicht besser.

Entweder du trainiert deine Ratio positiv.
Oder sie konditioniert dich negativ.
Wenn du sie nicht führst, dann führt sie dich.

Das Beruhigende an diesen Zusammenhängen ist: Es ist nicht unser Fehler, wenn so viel Unsinn durch unseren Kopf geistert. Es ist einfach die Funktionsweise unseres Gehirns, das auf allen möglichen realen oder vermeintlichen Schwierigkeiten der Vergangenheit oder einer vorgestellten Zukunft herumkaut, sobald es sonst nichts zu tun hat. Wir brauchen uns dafür nicht zu verurteilen. Es ist die Arbeitsweise unseres Verstandes. Wenn wir platt sind, egal ob nach einem Arbeitstag oder nach dem Sport, spült es noch mehr Negatives nach oben, wenn wir nicht eingreifen.

Zum einen ist unser Gehirn evolutionsbedingt darauf ausgerichtet, alle möglichen Gefahren frühzeitig zu erkennen und gegenzusteuern. Das war in früheren Jahrtausenden entscheidend für unser Überleben.

Zum anderen sind wir alle stark konditioniert und haben in der Kindheit ganz oft gesagt bekommen, was wir dürfen und nicht dürfen und was Schlimmes passieren wird, wenn wir uns nicht daran halten, was uns gesagt wird. Unter diesen Zwängen steht unser Gehirn heute immer noch. Sobald wir es nicht aktiv einsetzen, spült es diese alten Dinge wieder an die Oberfläche.

Wir lernen überwiegend aus schmerzhaften Erfahrungen. Die sind in unserem Gehirn eingespeichert, und es gleicht unsere Lebenssituation ständig damit ab: Droht irgendeine Gefahr? Sollte ich mir Sorgen machen? Wie kann ich gegensteuern, falls irgendwann etwas Schlimmes passiert? Die positiven Dinge hingegen sind für unser Überleben im Akutfall nicht so wichtig. Wenn ein Löwe um die Ecke kommt, interessieren uns die hübschen Blüten am Wegesrand nicht mehr. Da aber in unserem Leben selten

Löwen lauern, ist es sinnvoll, zwischendurch mal zu stoppen, sich die Blüten anzuschauen und ihren Duft zu genießen.

Anregung:
Möglichkeiten, die Gedanken aktiv zu lenken

- Frage dich: Welchen Input kann ich meinem Kopf jetzt geben? Will ich mich auf anstehende Aufgaben konzentrieren? Will ich am Abend etwas lesen (statt mich passiv vom Fernseher oder einem Handy-Messenger berieseln zu lassen)?
- Mach eine Liste: Wofür bin ich dankbar?
- Mach eine Liste: Was habe ich heute gut gemacht?
- Notiere dir: Was habe ich heute alles geschafft?
- Notiere dir morgens, welche drei Dinge du an diesem Tag auf jeden Fall erledigen willst. Damit aktivierst du bereits deine Zielorientiertheit. Abends hakst du ab.
- Mach eine Liste oder schreib in ein extra Ratio-Tagebuch: Was habe ich heute neu und konstruktiv gedacht? Welche kreativen Gedanken waren heute in meinem Kopf?
- Mach einen Eintrag in dein Karrierebuch.
- Frage dich: Worauf freue ich mich?
- Auf welche weiteren Möglichkeiten der Gedankenlenkung kommst du?

Die Erfahrungen mit solchen Listen oder Tagebüchern können sehr wertvoll sein. Für das Emotionale und eben auch für die Ratio. Wer schreibt, der bleibt. Denn Schreiben aktiviert beide Gehirnhälften zur gleichen Zeit, das Reflektieren und Denken ist ebenso gefragt wie das haptische Berühren und Führen des Stifts auf dem Papier.

Dir Erfolgsmomente und andere positive Dinge regelmäßig und nachhaltig, zumindest mal für ein halbes Jahr zu notieren, kann für deinen Karriereweg sehr viel ausmachen. Speziell wenn du dich fragst, was du heute aktiv und kreativ, neu und produktiv gedacht hast, erinnerst du dich an all die guten Gedanken, die vielleicht da waren, die du dann aber schnell wieder vergessen hättest. Wenn du sie dir notierst, werden sie wirklich im Bewusstsein verankert, du entwickelst dich weiter und schulst deine Ratio. Alles enorm wertvoll für deine Karriere.

Du kannst solche Listen oder Tagebücher regelmäßig abends befüllen. Oder du hast immer ein kleines Büchlein bei dir und notierst dir die entsprechenden Dinge, sobald sie im Alltagsgeschehen auftauchen. Am Abend kannst du sie dir dann noch einmal durchlesen und vergegenwärtigen.

Die Balance zählt

Alle Unterbrechungen des gewohnheitsmäßigen Denkens, mit denen wir unseren Geist auf etwas Angenehmes und Sinnvolles lenken, werden nicht dafür sorgen, dass wir ab sofort nur noch positiv denken. Das funktioniert nicht. Wer das versucht, wird sehr schnell enttäuscht sein.

Aber darum geht es auch nicht. Unser Gehirn ist dafür da, Problemlösungen zu entwerfen. Also kaut es gern auf Problemen herum. Wenn du das weißt, kannst du es zwischendurch immer wieder auf etwas Konstruktives lenken und seine Fähigkeiten aktiv einsetzen. Entscheidend ist am Ende des Tages eine Balance aus dem »Müll«, der einfach hochkommt, und aktiv angestoßenen zielführenden Gedanken, die dich entspannen, glücklich machen und voranbringen. Den ganzen Tag nur auf dieser produktiven Seite sein zu wollen, wäre so, als würdest du stundenlang Klimmzüge trainieren. Es funktioniert nicht. Die Muskulatur ermüdet.

Hast du etwas gut gemacht, dann feiere es! Feiere dich! Auch das prägt deine Ratio auf eine Weise, die dich weiterhin bestärkt.

Karriere, das hatte ich eingangs in diesem Buch schon betont, ist ein Entwicklungsweg. Karriere bedeutet, von A nach B zu kommen. Wenn dies besonders produktiv geschieht, kann B natürlich ein umso höheres und außergewöhnlicheres Ziel sein. Dein Entwicklungsweg hängt ganz entscheidend von deiner Ratio und deinem Vermögen ab, mit deinem Verstand aktiv umzugehen. Ein wenig Destruktivität lässt sich in diesem Bereich nicht verhindern. Aber der Müll lässt sich deutlich eindämmen, wenn du deinem Denken regelmäßig Aufmerksamkeit schenkst und es bewusst lenkst, immer wieder neu.

Es wird Tage geben, an denen es nicht so gut läuft und dich negative Gedankenfluten geradezu wegspülen. Äußere Umstände, der Biorhythmus, alle möglichen Faktoren spielen hier hinein. Und deine Aufgabe ist es, dich immer wieder so gut wie möglich ans Innehalten zu erinnern: Was denke ich gerade? Worauf möchte ich meine Ratio lenken?

Anregung:
Wenn die Speiche der Ratio wackelt oder angeknackst ist

Dass es mit dieser Speiche des Erfolgsrades ein Problem geben könnte, darauf kommen die meisten gar nicht. Doch du bemerkst es beispielsweise, wenn du oft niedergeschlagen oder destruktiv bist – weil du negative Gedanken wälzt. Oder besser: Weil du deine Ratio nicht aktiv einsetzt und zulässt, dass dich gewohnheitsmäßig negatives Denken runterzieht. Ich empfehle die folgenden Impulse noch einmal zusammengefasst, wenn du eine Karrierekrise erlebst, darüber hinaus aber als regelmäßiges Ratio-Training auch in guten Zeiten:

- Gewöhne dir an, dein Denken möglichst oft aktiv zu steuern (siehe Reflexion am Anfang dieses Kapitels). Beobachte es: Was denke ich gerade?
- Unterbrich negative Gedankenschleifen, sobald sie dir bewusst werden.
- Gib deinem Verstand konstruktive Aufgaben: aus dem Bereich deiner Arbeit, in deinem Hobby oder allgemein mit positiv ausgerichteten Fragen wie: Was läuft gut? Warum bin ich erfolgreich? Was ist mir heute gelungen? Welcher nächste Schritt steht an?

Dirk Schimmel

Wie definierst du den Begriff »Karriere«?
Karriere ist für mich die inhaltliche Erfüllung und wirtschaftliche Wertschätzung meiner Arbeit und meiner Relevanz.

Welches sind deine drei bis fünf Schlüsselfaktoren für eine erfolgreiche Karriere?
Für mich ist die Bereitschaft für die Extrameile auf allen Ebenen das Entscheidende. Die Extrameile zu denken, zu sehen, zu antizipieren, zu lernen, zu leben, zu beschützen, zu lesen. Wenn ich einen Job mache, dann begegnet er mir überall … Wenn ich Fuß-

ball schaue, TV schaue, Zeitungen/Magazine lese, mir Dritte etwas erzählen ... Es ist immer ein Filter in meinem Kopf, der Dinge erkennt und das Puzzle zusammensetzt.

Diese Meile oder Kompetenz bekomme ich nur mit Leidenschaft, Begeisterung, Fleiß, Schmerz, Erfahrung, Verständnis und Härte.

Nein sagen zu können gehört auch dazu, sich seiner Stärken bewusst zu sein ebenso.

Was sind für dich die drei bis fünf größten Karrierekiller?

- Die falschen Dinge zu tun.
- Ein schlechtes Team zu haben.
- Nicht Nein zu sagen.
- Den Fokus zu verlieren.
- Anderen gerecht werden zu wollen.

Deine Arbeit mit Holger

Holger ist für mich ein Phänomen. Er passt in keine Schublade, macht aber jeden seiner Klienten besser. Muss ich's verstehen? Nein ... Hauptsache, es funktioniert! Ich freue mich sehr, dass wir in den Themen so eng zusammenarbeiten!

Dirk Schimmel *ist Geschäftsführer und Inhaber der ETHOS GmbH.*

Achte Speiche des Erfolgsrades: Emotio und Intuition

»Dem stärksten Willen fehlt oft die Kraft,
die einer zarten Emotion selbstverständlich ist.«

Elfriede Hablé

Unzählige Menschen stolpern auf ihrem Karriereweg über ihre Emotionen. Vor allem deshalb, weil die Gefühlswelt oft unterschätzt und tendenziell ignoriert wird. Gerade im Business – so glauben immer noch viel zu viele Menschen – habe sie nichts zu suchen. Doch sie ist immer da. Sie mischt immer mit. Sie ist immer eine ganz entscheidende Kraft. Ob du das willst oder nicht. Ob du es bemerkst oder nicht. Bevor sie zum Karrierekiller wird, ist es daher nötig, sich konstruktiv mit ihr zu befassen und zu beginnen, sie ernst zu nehmen.

Ängste kommen – und du kannst erst einmal nichts dagegen tun. Vielleicht wirst du rot, wenn du eine Präsentation halten sollst. Oder deine Stimme wird brüchig vor Aufregung. Vielleicht macht dich dein Vorgesetzter wütend. Oder dich schwächt Mitleid mit einer Kollegin, der du bei der Beförderung vorgezogen wirst. Der Bereich der Emotionen kann uns in vielfältigster Hinsicht dazwischenfunken.

Ohne Schulung geht es emotional meist abwärts

Genau deswegen will auch das Emotionale kontinuierlich und nachhaltig trainiert sein, was heißt, dass es zuerst einmal bemerkt und in seinem großen Einfluss anerkannt werden muss. Sobald wir wissen, dass wir zu einem guten Teil emotionale Wesen sind – auch im beruflichen Bereich –, können wir beginnen, unsere Emotionen zu steuern und so zu lenken, dass es uns gut geht und wir unsere Ziele auf eine angenehme Weise erreichen. Die Emotio zu trainieren heißt für mich zu lernen, wie ich eine Balance in mein Gefühlsleben bringen kann. Natürlich werden immer auch unangenehme Emotionen hochkommen. Das gehört zum Leben. Aber ich kann lernen, damit umzugehen, damit weder mir noch anderen zu schaden und stattdessen immer mehr positive und mich weiterbringende Gefühle in mein Leben einzuladen.

Das kann damit beginnen, sich selbst immer wieder zu loben, sich selbst zu feiern und sich Wertschätzung zu zeigen. Es kann heißen, sich Anerkennung zu zollen – aber genauso gut auch anderen, denn das erzeugt ja nicht zuletzt in uns selbst positive Gefühle.

Wie erlebst du es, wenn du jemandem etwas Wertschätzendes sagst? Und wie sind deine Gefühle, wenn du jemanden wütend oder achtlos kritisierst?

Die Emotio will in diesem Sinne trainiert sein, dass wir Emotionen achten, wahrnehmen und bis zu einem gewissen Grad auch steuern können. Das heißt gleichzeitig, dass wir lernen, uns emotional zu nähren. Dass wir Dinge tun, die uns gefallen, bei denen wir uns wohlfühlen und die uns gute Gefühle schenken. Das kann in der Partnerschaft passieren, bei Hobbys, beim Sein in der Natur und genauso gut im Beruf. Denn die Stunden, die du mit deiner Arbeit verbringst, machen dir im besten Falle natürlich auch positive Gefühle, die dich dann weiter beflügeln, deine Ziele zu erreichen.

Es will heutzutage wirklich gelernt werden, dass wir uns an Dingen und an Tätigkeiten erfreuen. Das können ganz kleine Sachen sein – eine Amsel, die vor deinem Fenster singt, Kaffeeduft, die

Freude darüber, dass dir jemand die Tür aufhält. Das wirklich zu spüren und zu genießen kann dich emotional immer wieder auf eine höhere Stufe heben, von der aus dir dann alles leichter gelingt.

Um dich an etwas zu erfreuen, musst du es erst einmal erkennen. Im täglichen Trott wirst du die Amsel draußen nicht hören und auch kaum bemerken, was es in dir auslöst, dass dir jemand die Tür aufhält. Diese kleinen Chancen auf gute Empfindungen gehen dann ungenutzt vorüber.

Es ist ein bisschen wie bei der Ratio: Wenn du dich nicht aktiv um deine Emotionen kümmerst, dann spült es vor allem die unangenehmen Gefühle nach oben. Dann tauchen Ängste auf, Wut und Ärger machen sich breit, Unzufriedenheit, Traurigkeit. Wenn das passiert, kannst du die Ratio nutzen und beschließen, aktiv gegenzusteuern. Du lenkst deine Sinne auf etwas Schönes, machst dir bewusst, wofür du dankbar bist, oder gehst in die Natur, um dort tief durchzuatmen und dich wieder zu erden. Du veränderst aktiv deine emotionale Befindlichkeit.

Gedanken und Gefühle hängen untrennbar zusammen. Jedem Gedanken folgen innere Bilder, die wiederum Gefühle auslösen. Oder die Gedanken machen sofort eine emotionale Regung spürbar. Die Frage ist immer: Wie bringe ich mich in einen positiven Zustand? Wohlwissend, dass er nur eine Zeit lang anhalten wird und ich später erneut in dieser Weise aktiv werden muss.

Moments of best excellence

Stell dir die besten Momente deines künftigen Erfolges vor – die Siegerehrung, das entscheidende Tor, wie du dir dein größeres Büro einrichtest … Und dann erlebe dich in den Gefühlen, die diese Bilder in dir auslösen.

Nutze solche Bilder und die damit verknüpften Gefühle und lass sie immer stärker werden. Tag für Tag. Irgendwann werden sie ihren Gipfel erreicht haben und wieder abflachen. Dann brauchst du neue Ziele, neue Bilder und erlebst dabei wieder die Gefühle, für die du deinen Weg letztlich gehst.

Was wir alle wirklich wollen, ist, uns gut zu fühlen.

Mit einem Erfolgstagebuch, in das du regelmäßig kleine und große Erfolge einträgst, machst du letztlich nichts anderes. Du rufst immer wieder gute Gefühle in dir hervor, weil sie dich beflügeln, deinen Weg aktiv und kreativ weiterzugehen und dich von immer lohnenderen Zielen motivieren zu lassen. Auch eine regelmäßig geführte Liste von dem, was Dankbarkeit in dir auslöst, sorgt für gute Gefühle. Und die sorgen für den Rest.

Ein häufiges Auftreten von positiven Gefühlen muss für die meisten Menschen erarbeitet werden. Dass das lohnend ist, liegt in der Sache selbst. Es fördert aber auch deine Karriere. Denn Menschen voller positiver Gefühle wirken überzeugender, man traut ihnen mehr zu, und sie schaffen auch tatsächlich mehr, sie sind angenehmer im Umgang für Vorgesetzte, Mitarbeiter und Kunden gleichermaßen. Und sie haben nicht zuletzt viel mehr Schwung und Freude an dem, was sie tun. Sie trauen sich etwas zu und erleben sich als selbstwirksam.

Reflexion:
Fragen zur Gefühlswelt

- Wie fühle ich mich gerade?
- Welche Emotionen dominieren mich meistens?

- Wie gehe ich mit Emotionen um? Bei mir selbst und bei anderen?
- Worüber habe ich mich in den letzten Tagen gefreut? (Musst du hier lange nachdenken?)
- Was bringt mich in Gefühle von Freude und Zuversicht?
- Was macht mir Spaß?
- Wodurch erlebe ich mich als selbstwirksam?
- Welche Mittel kenne ich, um meine emotionale Stimmung schnell zum Positiven zu verändern?
- Was tue ich regelmäßig für meine Gefühlswelt?
- Was ist Balsam für meine Seele?
- Und wie kann ich ihn mir öfter schenken?
- Es heißt: »Wenn du jemanden ohne Lächeln siehst, schenke ihm deines.« Wie oft handle ich danach?
- Was sind meine *Moments of best excellence*?
- An wie viele davon kann ich mich erinnern? (Schreib sie regelmäßig auf und erinnere dich immer wieder daran.)
- Wie sehen meine künftigen *Moments of best excellence* aus?

Auch hier gilt wieder: Es geht nicht darum, nur noch positive Gefühle zu haben und dauergrinsend durch die Welt zu taumeln. Das wäre nicht ehrlich. Es funktioniert nicht.

Auch die schwierigeren Gefühle gehören zum Leben. Aber wir müssen uns nicht von ihnen dominieren und leiten lassen. Wir können sie bewusst fühlen, wenn wir sie wahrnehmen – oftmals werden sie dadurch schon weniger. Sie kommen und sie gehen, wenn wir sie lassen. Darüber hinaus können wir aktiv werden und unsere Gefühlswelt lenken. Die Ängste und das als negativ Erlebte kommen von allein. Um die positiven Emotionen müssen wir uns kümmern. Wer das allerdings eine Zeit lang aktiv tut, indem er immer wieder seine Aufmerksamkeit auf das lenkt, was ihn freut und dankbar stimmt, bei dem nehmen die positiven Gefühle grundsätzlich zu im Leben. Auch sie tauchen dann immer öfter spontan auf. Der Glücksmuskel ist somit gut trainiert.

Lilli Hollunder

Wie definierst du den Begriff »Karriere«?

Entweder hat man eine – oder man hat keine. Das Wort Karriere ist für mich schon mit Erfolg verknüpft. Ein Mittelding gibt es nicht. Aber es gibt auch keinen Stillstand. Es geht vor und zurück und hat auch stark mit persönlichem Empfinden zu tun. Für manche ist die Karriere des anderen gelungen, aber das heißt nicht, dass derjenige seine eigene Karriere auch als gelungen empfinden muss.

Welches sind deine drei bis fünf Schlüsselfaktoren für eine erfolgreiche Karriere?

Das Wichtigste für eine erfolgreiche Karriere ist in meinen Augen, dass man etwas gefunden hat, das einem Spaß macht. Mindestens genauso wichtig ist Authentizität. Es wird meiner Meinung nach nicht lange gut gehen, wenn man sich in einem Feld bewegt, in dem man sich auf irgendeine Weise nicht selbst treu bleiben kann. Fehlende Authentizität leitet immer zu »falschen« Entscheidungen.

Ein weiterer Aspekt für eine erfolgreiche Karriere ist, neugierig, umtriebig und proaktiv zu sein. Wenn du zu Hause auf der Couch sitzt, gehen dir ganz sicher Dinge durch die Lappen, die dich hätten weiterbringen können. Und man muss ehrlich zu sich sein, in der

Arbeitswelt wartet niemand auf dich, daher muss man die Tür öffnen und den Schritt raus wagen. Man muss mutig und neugierig sein.

Was sind für dich die drei bis fünf größten Karrierekiller?
Die größten Karrierekiller sind meiner Meinung nach Selbstzweifel und Angst. Natürlich gehört es zu den größten Herausforderungen im Leben, diese zu überwinden. Aber während man Gas geben und vorankommen möchte, sind Selbstzweifel der ständige Fuß auf der Bremse. Der eine hat sie mehr, der andere weniger, aber es lohnt sich, das Thema anzupacken.

Deine Zeit mit Holger
Gerade als Freischaffende und als Künstlerin stehe ich im stetigen Kampf und Krampf mit dem Thema Karriere. Ich weiß nie, wann der nächste Job kommt, und Bewerbungen kann ich auch nicht schreiben. Holger hat mit mir einen Weg erarbeitet, auf dem ich anders proaktiv sein kann. Denn das muss ich sein. Er bringt es mit seinem Rat oft kurz und manchmal auch schmerzvoll auf den Punkt. Das ist nicht immer der bequeme Rat, den man hören möchte, aber Holger konnte mir mit seiner Erfahrung und seinem Bauchgefühl schon oft die Richtung so weisen, dass anschließend ein Stein ins Rollen kam. Ich bin mir ganz sicher, ohne ihn würde ich heute nicht mein eigenes Buch in der Hand halten.

Lilli Hollunder *ist Buchautorin, Schauspielerin, Influencerin, Bloggerin, Podcasterin und gern gesehener Gast im TV.*

Warum ist das Emotionale für Karrieren entscheidend?

Zunächst einmal brauchen wir neben den Hardfacts ein Gefühl dafür, wo wir gerade stehen, was wir wirklich wollen und wie wir es erreichen können. Was sind die nächsten Schritte? Wie verhält sich mein Weg in Bezug auf mein Umfeld? Wo werde ich gefördert und wo nicht? Wie kann ich mit allen Parametern und auch den Herausforderungen umgehen? Das sind Fragen, die wir nicht nur mit unserer Ratio, sondern insbesondere auch aus unserer Gefühlswelt heraus beantworten sollten.

Natürlich lässt sich vieles rational bestimmen. Aber das reicht niemals aus. Vieles fühlen wir einfach. Wo stehen wir? Wo stehen die anderen? Was ist dran? Was ist möglich? Wer hier rein rational heranzugehen versucht, macht es sich deutlich schwerer. Abgesehen davon, dass es »rein rational« gar nicht gibt. Die emotionale Seite spielt immer hinein.

Mein Gefühl ist mein Kompass, der mir zeigt, ob ich auf dem richtigen Weg bin.

Im Profisport sieht man es sehr deutlich. Dort geht nichts ohne diese Ebene. Ob ein Nationaltorwart nach rechts oder nach links springt, entscheidet sein Bauchgefühl. Er denkt nicht darüber nach. Dafür geht es viel zu schnell. Und er ist vor allem deshalb Nationaltorwart, weil er bewusst oder unbewusst einfach schneller und nachhaltiger diesem Gefühl folgt.

Zudem ist diese Ebene ganz wesentlich für die Kommunikation. Je besser wir fühlen können, was unsere Kundschaft, unsere Mitarbeiter oder Vorgesetzten bewegt, umso klarer können wir kommunizieren und Win-win-Situationen schaffen. Wir denken zwar, dass wir über den Verstand kommunizieren und einfach

Informationen austauschen. In Wirklichkeit macht dies aber nur einen geringen Teil aus.

Wir kommunizieren vorrangig über Körpersprache, Stimmklang, über das, was »die Bäuche« miteinander reden. Wir können uns noch so nett ausdrücken, wenn wir dem anderen gegenüber kritisch oder feindlich oder auch unsicher eingestellt sind, wird er das spüren. Es wird immer sehr viel mehr ausgetauscht als faktische Information. Wer ein Bewusstsein darüber hat, kann natürlich aus einer Unterhaltung viel mehr herausziehen und viel klarer das hineingeben, was ihm wichtig ist.

Außerdem dürfte klar sein: Niemand fördert uns, wenn wir ihn wie einen Idioten behandeln. Oder wenn wir eine Ausstrahlung haben wie ein Mülleimer. Wenn wir unaufgeräumt sind und die Emotionen in uns nur so herumjagen. Wir brauchen immer andere Menschen für unseren Erfolg. Und wo Menschen zusammenkommen, spielen die Gefühle hinein.

Auch Verhandlungen aller Art basieren auf Gefühlen. Es ist ein Tanz um die Frage: Wie weit kann ich gehen? Wie weit traue ich mich? Wie weit wird der andere mitgehen? Was muss ich tun, um hier zu einem für mich guten Abschluss zu kommen? All das ist eine Frage des Gefühls. Des Hineinspürens und der Interpretation auf emotionaler Ebene. Man kann versuchen, das alles vom Kopf her zu steuern. Sehr viel effektiver ist es aber, einfach mal den Gefühlen nachzugehen. Die echten Profis tun das, mit wachsender Erfahrung umso mehr. Gute Vertriebler beispielsweise reden oftmals nicht viel, sondern fühlen sich ein: Wo steht der andere? Wo kriege ich ihn? Wo und wie kommen wir zusammen?

Emotional aktiv werden

Zweifellos tauchen aus den Tiefen unseres Wesens oft auch Dinge auf, die wir uns genauer anschauen sollten, um uns irgendwann von ihnen befreien zu können. Wer ein Grundgefühl der Traurigkeit mit sich herumträgt, sollte sich möglicherweise einmal mit dessen Ursachen befassen. Das gehört für mich zur ersten Speiche, dem Ich, der Persönlichkeit und ihrer Prägung. Hier bei dieser Speiche der Emotio ist es mir wichtig, zu sagen:

Wer zu lange im Müll rumwühlt, wird im Normalfall nur Müll finden.

Sorge also aktiv dafür, dass dich gewohnheitsmäßige schlechte Gefühle und Ängste nicht runterziehen, sondern trainiere dich emotional so, dass du dich gut fühlst und Kraft für das Wesentliche in deinem Leben hast. Beides ist wichtig: die tiefere Arbeit mit dir selbst, deinem Charakter und deinem Wesen und dem, was dich möglicherweise blockiert, auf der einen Seite – und das tagtägliche Steuern von Gedanken und Gefühlen auf der anderen.

Menschen, die meistens missmutig unterwegs sind und nur selten mal ein gutes Gefühl für sich selbst oder ihr Umfeld empfinden, werden kaum erfolgreich sein. Sie kommen meist nicht weit in ihrer Karriere. Es fehlt die Begeisterung, die unglaublich viel Kraft gibt. Es fehlt das Mitreißende, das Unterstützer aktiviert. Es fehlt die Leidenschaft, die auch mal Durststrecken überwindet.

Natürlich lassen Erfolge im Beruf manchmal auf sich warten. Umso wichtiger ist es, die positiven Gefühle hochzuhalten. In der Tätigkeit trotzdem Positives zu finden. Oder sich im privaten Bereich oder in den Beziehungen emotionale Erfolgserlebnisse zu verschaffen. Idealerweise ist der Bereich, in dem du Karriere machst oder machen willst, auch das, was dir am meisten Spaß macht. Und dennoch wird es dort Phasen geben, wo der Spaß eben auf der Strecke bleibt und es zäh ist.

Gerade in stressigen Zeiten schauen mich die Leute ganz irritiert an, wenn ich frage, was ihnen denn Spaß macht. Sie vergessen völlig, dass Spaß an der Sache, Spaß am Leben einfach essenziell ist.

Sie sind nur darauf geeicht, den Stress zu überstehen und endlich ans Ziel zu kommen. »Keine Zeit!«, heißt es dann, wenn die Lebensfreude angesprochen wird. Doch wie lange macht der Körper das mit? Und was ist ein Erfolg wert, der ohne Freude zustande kommt?

In stressigen oder belastenden Phasen im Beruf ist es umso wichtiger, sich in einem anderen Lebensbereich Erfolgserlebnisse und Momente der Freude zu verschaffen. Vielleicht spielt jemand gern Dart und tut das einfach jeden Abend für ein paar Minuten, um sich selbst das Gefühl zu geben, dass sich das Leben weiterhin lohnt und er etwas hinbekommt. Diese veränderte Emotionalität nimmt er dann mit in einen hochwertigeren Schlaf. und vielleicht fließt die Arbeit am nächsten Tag viel leichter. Oder es kommen ihm zündende Ideen.

Apropos Schlaf: Vor allem abends vor dem Schlafengehen ist es wichtig, in der eigenen Emotionalität ein wenig aufzuräumen. Mit einem Kopf voller Sorgen oder einem Herzen voller Ängste, voller Kummer oder Wut ins Bett zu gehen, hat wenig Sinn. Der Schlaf wird nicht gut sein, und am nächsten Tag läuft es dann erst recht unrund.

Schlaf ist wirklich wichtig. Seine Qualität bestimmt, in welcher Qualität du am nächsten Tag auf deine Ziele hinarbeiten kannst. Ich empfehle deswegen auch unbedingt, dass zusammenlebende Paare vereinbaren, dass im Schlafzimmer nicht gestritten wird und dass elektronische Geräte dort nichts zu suchen haben. Das Schlafzimmer sollte ein Ort der Liebe und ein Ort der Ruhe sein, der Regeneration und der guten Gefühle.

Reflexion:
Fragen für gute Gefühle

- Wofür bin ich heute dankbar?
- Worauf freue ich mich?
- Warum schaffe ich das, was ich mir vornehme?
- Was sind die guten Seiten von dem, was mich runterzuziehen droht?
- Am Abend: Was war heute gut? (Ja, auch wenn es ein furchtbarer Tag war.)
- Was lief besser als erwartet?
- Was habe ich gut gemacht?

Wenn du emotional in Balance kommen möchtest, probiere bitte folgende Übung aus: Stelle dir eine liegende Acht vor und fahre sie nur mit den Augen dreimal von links nach rechts und dreimal von rechts nach links ab. Mach das ein paar Mal und schau, was es in dir verändert …

Unsere Gefühle und speziell die Intuition warnen uns vor Gefahren und vor Abwegen. Der richtige Riecher, wie man so schön sagt, hat schon unzähligen Menschen den größten Erfolg beschert. Das Bauchgefühl hat bei so vielen sehr erfolgreichen Menschen immer wieder zu den richtigen Entschlüssen geführt. Jeder kennt das: Vor einer bedeutsamen Entscheidung jagen die unterschiedlichsten Gefühle durch unser System.

Und natürlich ist man besser dran, wenn man sie lesen kann. Wenn man weiß: Okay, wenn ich mich so und so fühle, heißt das nicht, dass ich den anstehenden Schritt nicht machen sollte. Oder:

Wenn ich diese Art von Angst spüre, dann sollte ich mir die Sache noch einmal genauer ansehen und nicht voreilig entscheiden.

Wer sich selbst auf der Gefühlsebene kennt, kann viel klarer agieren. Er braucht sich von schwierigen Gefühlen nicht ins Bockshorn jagen zu lassen, weil er weiß, dass sie zum Leben dazugehören und eine Angst nicht unbedingt ein Stoppschild sein muss. Und auf der anderen Seite kann er die Gefühle aktiv steuern, sich immer wieder positiv ausrichten und dann mit einer viel größeren inneren Klarheit und mehr mutiger Zuversicht die nächsten Schritte festlegen. Das alles aus dem Kopf heraus zu steuern, ist überhaupt nicht möglich, auch wenn wir uns das manchmal einbilden.

Auch Strategiebildung auf rationaler Ebene ist meist nicht mehr als Kaffeesatzleserei. Wir kennen die Zukunft nicht und wissen nicht, was alles in unsere Pläne hineinspielen wird. Auf der Gefühlsebene aber ist für sensible Menschen einfach spürbar, ob die angedachte Route stimmt. Erfolgreiche Menschen feilen so lange an einer Strategie, bis sie sich gut *anfühlt*. Und dann geht es an die Umsetzung.

Frauen geben meist leichter zu, aufgrund eines Gefühls zu entscheiden. Letztlich aber tun wir alle genau das.

Vor allem wir Männer haben seit der Nachkriegszeit Gefühle regelrecht aberzogen bekommen. Doch die Feinfühligkeit ist es aus meiner Sicht ganz eindeutig, was die nächsten Jahre und Jahrzehnte bestimmen wird. Rein aus dem Kopf heraus nach vorn zu preschen – das funktioniert schon lange nicht mehr (wenn es denn je funktioniert haben sollte).

Lass deine Intuition entscheiden!

Kennst du das? Du wirst mit einer Entscheidung konfrontiert und spürst sofort, was der richtige Weg ist. Dann setzt das Denken und Analysieren ein, und du verbringst Stunden oder sogar Tage damit, alle Optionen gegeneinander abzuwägen. Die Gefühle geraten dabei vollkommen durcheinander, und wenn du auf dieser Ebene nicht geübt bist, kannst du nicht mehr spüren, was dein Bauch dir rät. Am Ende entscheidest du so, wie du es am Anfang schon gespürt hast – und alles läuft perfekt. Oder du entscheidest anders – und bereust es hinterher.

Reflektiere einmal, inwieweit das für dich stimmt. Wie gut kennst du dein Bauchgefühl? Wie lief es, wenn du auf den ersten Impuls aus dem Bauch gehört hast? Wie lief es, wenn du dem Kopf gefolgt bist und dich anders entschieden hast?

Diese Anregung ist ein echter Erfolgsschlüssel: Sobald eine Entscheidung ansteht, achte auf dein erstes spontanes Bauchgefühl.

Gewöhn dir an, es zu bemerken, indem du den Fokus darauf legst. Und dann setz einfach um, was der Bauch sagt. Du sparst dir aufreibende Mühen und einen Haufen Zeit, in der du denkst und analysierst und abwägst. Der erste Impuls aus dem Bauch stimmt – fast immer. Vielleicht sagt er A, vielleicht sagt er B, vielleicht sagt er, dass die Entscheidung noch nicht reif ist, und drei Tage später hast du sie beim Aufwachen plötzlich parat. Es ist immer das Gefühl, das dir sagt: Jetzt stimmt es.

Reflexion:
Das erste Bauchgefühl

- Was sagt mir mein Gefühl zu den Themen, die mich gerade beschäftigen?
- Was ist mein erster spontaner Impuls dazu?

Wann immer eine Entscheidung ansteht – egal ob es darum geht, was du heute Mittag essen möchtest, auf welche Spur du auf der Autobahn wechselst, wenn sich ein Stau abzeichnet, oder ob eine Bewerbung ansteht, eine Kündigung oder der Schritt in die Selbstständigkeit –, stell dir diese Fragen. Gewöhn es dir an, bei allen Entscheidungen zuerst auf dein Bauchgefühl zu achten und ihm zu folgen. So trainiertest du, deine Gefühlswelt aktiv auf deinem Karriereweg einzusetzen.

Probier das mal eine Woche lang bei allen Entscheidungen. Mach dabei Notizen in dein Karrierebuch – und schau, was passiert.

In Züge auf deinem Karrierebahnhof, auf denen so etwas steht wie »Gedankenmüll«, »Schlaflose Nächte«, »Ich weiß nicht, was richtig ist« steigst du einfach nicht mehr ein. Du setzt um, was dir dein erstes Bauchgefühl sagt. Ich selbst habe mich richtiggehend darauf trainiert. Für mich zählen zwei Dinge, wenn es um Entscheidungen geht:

Was sagt mir mein Gefühl?

Und: Läuft es glatt?

Mittlerweile habe ich so viel Erfahrung, die mich darin bestärkt, dass mein erstes Gefühl stimmt und dass der Weg dann richtig ist, wenn es glatt läuft. Das macht das Leben unglaublich viel einfacher. Sobald es sperrig wird und eine Komplikation die andere jagt, weiß ich, dass es nicht der richtige Weg ist. Sicher muss man manchmal eine Hürde überwinden. Aber grundsätzlich darf es leicht gehen. Die Emotio ist dafür der entscheidende Faktor. Probier es aus, auf das Bauchgefühl zu achten und den ersten Impulsen von dieser Ebene zu folgen. Bis du dem wirklich vertrauen kannst, braucht es vielleicht etwas Zeit und Training.

Wenn du eine neue Sportart lernen möchtest, geht das schneller, wenn du jeden Tag trainierst, als wenn du einmal im Monat trainierst. Kontinuität und Nachhaltigkeit sind die Schlüssel zum Erfolg. Dabei mindestens drei, besser sechs Monate durchhalten, dann hast du den Prozess verinnerlicht.

Allerdings: Viel hilft nicht immer viel, noch mehr als viel hilft immer weniger!

Der richtige Einsatz deiner Intuition kann deine Karriere und dein ganzes Leben wesentlich nach vorn bringen. Du kannst mit kleinen Dingen beginnen – bei der Auswahl von einer Speisekarte, beim Einkaufen, bei der Freizeitgestaltung. Wenn du genau hin spürst, wirst du feststellen, dass die Entscheidung fast immer schon getroffen ist, auch wenn dein Kopf es noch nicht gemerkt hat und über eventuelle Alternativen sinniert.

Du stehst vor dem Supermarktregal und weißt bereits, welche Pastasorte du nehmen willst. Du überfliegst die Speisekarte und weißt sofort, was du essen willst. Du weißt es bereits, weil du es fühlst.

Spiel damit und die positive Erfahrung wird dir das Vertrauen schenken, irgendwann auch die ganz großen Entscheidungen im Leben aus dem ersten Bauchgefühl heraus zu fällen.

Stell dir vor, du bekommst eine Auftragsanfrage oder ein Angebot in deinem Job und dein erster Impuls ist: »Oh je, das will ich nicht! Das riecht nach Ärger und Stress!«

Du spürst das, dann aber fängt dein Kopf an, dir die Sache schön zu reden. Vielleicht lohnt es sich finanziell. Oder du hast Angst, die andere Seite zu enttäuschen, oder was auch immer.

Wenn du aus diesen Gründen heraus Ja sagst, ist die Wahrscheinlichkeit sehr hoch, dass du dann wirklich Ärger und Stress erlebst. Und viele, die in solchen Situationen auf ihren Bauch hören und ablehnen, berichten, dass hinterher ein viel besseres Angebot kam.

Manchmal ist es auch umgekehrt und dein Bauchgefühl sagt eindeutig: »Ja, das will ich machen!« Und dann setzt der Verstand ein und versucht es dir wieder auszureden. Vielleicht lohnt es sich finanziell nicht. Oder du glaubst, eigentlich keine Zeit dafür zu haben. Was auch immer. Wenn du dem Verstand folgst und ablehnst, dürfte es mit hoher Wahrscheinlichkeit so sein, dass du noch oft daran denkst und es irgendwann bereust.

Mach ein Training daraus, dem ersten Gefühl zu folgen, eigene Erfahrungen damit zu sammeln und deinem Bauchgefühl vertrauen zu lernen.

Jetzt wird vielleicht auch noch einmal besser verständlich, warum es so wichtig ist, die eigene emotionale Welt zu hegen und zu pflegen. Einerseits geht es dabei natürlich darum, sich besser zu fühlen. Zum anderen kannst du nur mit einer halbwegs aufgeräumten Gefühlswelt überhaupt einen Zugang zu Intuition und Bauchgefühl finden.

Wenn in dir beispielsweise bei einer anstehenden beruflichen Entscheidung in Sekundenschnelle Ängste, Befürchtungen, Abneigungen oder Ressentiments gegen andere in deinem Umfeld durch deine Gefühlswelt jagen – wie willst du dann wahrnehmen, was dein Bauchgefühl sagt? Wie willst du unterscheiden, welche Befürchtungen ernst zu nehmen sind und welche einfach nur gewohnheitsmäßig auftauchen?

Viele perfektionistische Menschen übergehen ihre Gefühle oftmals komplett. Sie versuchen, auf der Gedankenebene mit sehr viel Aufwand alles absolut richtig und fehlerfrei hinzubekommen. Meistens klappt das aber nicht. Und selbst wenn es funktioniert, dann nur für kurze Zeit und mit Empfindungen von Druck und Angst verbunden.

Es lebt sich so viel leichter und angenehmer, wenn wir die emotionale Ebene aktiv miteinbeziehen. Dann können wir uns auch von der Idee der Perfektion verabschieden. Perfektion gibt es nicht. Es ist ein menschliches Konstrukt, das nicht erreichbar ist. Es gibt keinen perfekten Baum, keinen perfekten Tag, keine perfekte Frau, keinen perfekten Mann. Es ist alles immer subjektiv. Und alles unterliegt Veränderungen in der Zeit.

Ich selbst vertraue meinen emotionalen Impulsen heute total. Und ich stehe auch dazu. Wenn ich früher eine geschäftliche Entscheidung aus dem Bauch heraus getroffen habe und jemand wissen wollte, warum ich mir so sicher sei, habe ich irgendwelche Begründungen zusammengezimmert. Heute sage ich einfach: Das ist mein Gefühl.

Ich hinterfrage es nicht mehr. Ich habe unzählige Male die Erfahrung gemacht, dass es so stimmt. Und immer mehr erfolgreiche Menschen berichten Ähnliches. Ich denke, dass es in den nächsten Jahren ganz normal werden wird, dass wir auch in Geschäftsentscheidungen bewusst auf unser Gefühl hören. Dann beenden wir auch diesen Unsinn, reflexartig immer erst einmal aufzuzählen, warum eine spontane Idee nicht funktionieren kann.

Wir spüren, wohin unser Weg geht, und dann setzen wir den ersten Schritt. So einfach geht das.

Auch im Bereich Motivation greifen dieselben Mechanismen. Warum brauchen wir denn überhaupt Motivationstrainings und Übungen zu ihrer Steigerung? Weil wir in dem, was zu tun ist, erst einmal das Negative sehen. Die Hürden, die Gefahren, den Aufwand. Sich zu motivieren, heißt letztlich nichts anderes, als sich emotional in einen Zustand zu bringen, in dem wir die Aufgaben vor uns gut anpacken können.

Reflexion:
Gewohnheitsmäßiges Nein

Führe mal eine Woche lang eine Strichliste. Auf der einen Seite eines Blattes setzt du jedes Mal einen Strich, wenn du einem ersten Impuls folgst. Auf der anderen Seite machst du einen Strich, wann immer du deinen Bedenken nachgibst, warum dies und das nicht funktionieren wird (obwohl dein Bauchgefühl klar Ja dazu sagt).

Wie ist das Verhältnis?

Profisportler trainieren automatisch diese intuitive oder emotionale Entscheidungskompetenz. Sie bekommen dabei auch sehr schnell Rückmeldung. Sie entscheiden in Zehntelsekunden etwas – und merken sofort, ob es gepasst hat oder nicht. Sie registrieren auch, wenn ihnen der Verstand dazwischengefunkt hat und was das wiederum für Auswirkungen hat. In der Geschäftswelt ist es meist genau andersherum. Dort trainieren sich sehr viele regelrecht darauf, ihr Bauchgefühl immer wieder von Zweifeln verwirren zu lassen. Bis sie am Ende gar nicht mehr wahrnehmen, was der Bauch sagt, und sich stattdessen mit Tausenden unnötigen Gedankenanalysen Stress erzeugen. Wer traut sich schon, in der Vorstandsetage ein Konzept vorzustellen und auf die Frage, warum das denn funktionieren solle, zu antworten: »Weil mein Gefühl mir das sagt.«?

Wer allerdings lang genug seinen ersten Impulsen gefolgt ist, wird mit genügend positiver Erfahrung auch diesen Schritt schaffen. Es ist ein Schritt in die neue Zeit, zu der sich aktuell auch die Wirtschaftswelt hin wandelt.

Anregung:
Wenn die Speiche der Emotio und Intuition wackelt oder angeknackst ist

Speziell diese Speiche ist bei den meisten Menschen per se instabil, weil sie einfach nie oder zumindest viel zu wenig auf ihre Gefühlswelt und ihre Intuition achten. Daher ist es aus meiner Sicht für jeden Menschen absolut nötig, sich regelmäßig dieser Speiche zuzuwenden. Umso mehr, wenn die Karriere stockt oder der Lebensweg holprig wird. Wie kann das aussehen?

- Mach dir bewusst, wie wesentlich Emotio und Intuition für dein Leben und für deine Karriere sind.
- Stell dir die reflektierenden Fragen aus diesem Kapitel und beantworte sie dir schriftlich.
- Nutze all die in diesem Kapitel und im Rest des Buches beschriebenen Möglichkeiten, dich immer wieder in gute Gefühle und eine gute Stimmung zu bringen. Es ist ein Training und immer neu nötig.
- Solltest du große Schwierigkeiten mit deiner Gefühlswelt haben und dich von Emotionen überwältigt fühlen, suche dir

professionelle Hilfe bei einem Coach oder einer Therapeutin. Bist du innerlich aufgeräumt, kannst du deine Ziele natürlich sehr viel leichter erreichen und deine emotionale Erfahrung einerseits problemlos durchleben und andererseits konstruktiv steuern. Siehe auch meine Ausführungen zur ersten Speiche des Erfolgsrades: die eigene Persönlichkeit.

- Und das Wichtigste: Trainiere, auf den ersten Impuls aus deinem Bauch zu hören, wann immer eine Entscheidung ansteht. Frage: Was ist mein erster Impuls? Was sagt mir mein Gefühl? Übe das in kleinen Dingen wie der Wahl eines Kleidungsstücks oder eines Mittagessens. Und steigere dich mit wachsendem Vertrauen, bis du auch die großen Lebensentscheidungen aus dem Bauchgefühl heraus treffen kannst.
- Wie häufig beschäftigst du dich pro Stunde oder pro Tag mit dem, »was noch fehlt«, und wie häufig mit dem, »was alles schon da ist«? Beobachte dich selbst.

Felix von Bredow

Wie definierst du den Begriff »Karriere«?
Karriere ist berufliche Verwirklichung. Die stetig fortschreitende Verbesserung und Weiterentwicklung meiner Fähigkeiten in einem professionellen Umfeld.

Welches sind deine drei bis fünf Schlüsselfaktoren für eine erfolgreiche Karriere?

- Finde heraus, was deine unterbewussten Glaubenssätze sind, und wenn sie deinem Erfolg im Weg stehen, transformiere sie.

- Sei dir immer wieder bewusst, aus welchen persönlichen Gründen du deinen Job machst. Was ist dein Motor, was ist deine Leidenschaft, was füttert deine Motivation, warum bist ausgerechnet du der oder die Beste?
- Umgib dich mit Menschen, die an deinen Erfolg glauben, die dein Potenzial erkennen und selbst auch erfolgreich sind.
- Fokussiere dich auf Gegenwart und Zukunft.
- Tu es nicht für das Geld.

Was sind für dich die drei bis fünf größten Karrierekiller?

- Unterbewusste Glaubenssätze, die dich klein halten, schwächen, verängstigen, die dem Ausleben deines Potenzials im Weg stehen.
- Zu viele leben in der Vergangenheit.
- Du machst es, um anderen etwas zu beweisen.
- Du machst es nur für das Geld.

Deine Arbeit mit Holger

Holger Fischer hat sehr viel Erfahrung und Wissen, das merkt man sofort, aber was mich am meisten fasziniert, ist dieses unfassbare Gespür. Die Intuition, mit der er die wichtigen Themen aufspürt, und das große Gefühl, mit dem er die positive Veränderung einleitet. Er kommt, sieht dich und hilft dir, alles aufzuräumen, was zwischen dir und deinem Potenzial steht. He is magical.

Felix von Bredow *ist Schauspieler.*

Neunte Speiche des Erfolgsrades: Karma
von *Martina Berger*

»Wie man in den Wald hinein ruft,
so schallt es heraus.«

Sprichwort

Als mich mein Mann bat, dieses Kapitel zu seinem Buch beizusteuern, habe ich mir noch einmal ganz neu Gedanken über Karma im Zusammenhang mit Karriere gemacht. Es war eine gute Gelegenheit, aus meiner langjährigen Erfahrung als Life & Soul Coach ein paar ganz einfache Zusammenhänge zu skizzieren, mit denen sich bestimmte Karrierekiller vermeiden lassen. Wenn Karma nämlich bedeutet, dass uns das Leben so entgegenkommt, wie wir uns ihm gegenüber verhalten, dann steckt darin ein ganz simpler Schlüssel für einen erfüllenden Lebensweg.

Ich könnte über dieses Thema wahrscheinlich ein ganzes eigenes Buch schreiben. Doch zwei Ebenen sind mir hier wichtig: der ganz alltägliche Umgang mit unserem Umfeld – und die tiefer liegende Ebene dessen, warum wir so handeln, wie wir handeln, und uns damit immer neues Karma erschaffen. In meiner Praxis begegnen mir oft Menschen, bei denen sich das Karma limitierend auswirkt. Sie kommen nicht voran, und es ist erst einmal nicht zu erkennen, warum das so ist. Bei genauerer Betrachtung stellt sich dann heraus, dass sie noch in alte Geschichten verstrickt sind. Dazu müssen wir nicht, wie es im spirituellen Bereich oft geschieht, in irgendwelchen früheren Leben suchen. Ganz oft hemmt jemanden ein eigenes früheres Verhalten – ob es am Vortag passiert ist, am Beginn der Karriere oder ob es grundsätzliche Verhaltensmuster sind. Es ist, als wäre dadurch eine Negativspirale ausgelöst worden, die noch nicht wieder gestoppt wurde. Oder in Holgers Bild gesprochen: Die Speiche Karma wurde angeknackst.

Beginnen wir mit dem Alltäglichen. Was heißt Karma? Ganz einfach: Ursache und Wirkung. Die Dinge, die wir in die Welt hinausgeben, kommen zu uns zurück. Wenn ich als Führungskraft mit gutem Beispiel vorangehe, werde ich erleben, dass mir meine Mitarbeiterinnen und Mitarbeiter viel zurückgeben. Der Laden wird laufen. Wenn ich reflektiert bin, wenn ich mich gut um meinen Wirkungsbereich kümmere, dann kann ich davon ausgehen, dass sich entsprechende Erfolge einstellen. Wenn ich mich für andere einsetze, werde auch ich Unterstützung bekommen.

Das kennt sicher jeder von uns: Man geht gut gelaunt durch die Stadt, lächelnd und entspannt, und man trifft nur lächelnde und entspannte Menschen. Ist man hingegen schlecht drauf und grantig, kommen einem auch nur schlecht gelaunte und grantige Menschen in die Quere. Was wir ausstrahlen, kommt zu uns zurück. So simpel lässt sich Karma verstehen. Es kann sich sehr lohnen, wenn du dir einmal die Zeit nimmst, darüber zu reflektieren, inwieweit dir andere Menschen und das Leben allgemein genauso entgegenkommen, wie du auf sie zugehst.

Reflexion:
Wie rufst du in den Wald hinein?

- Was strahlst du für gewöhnlich nach außen?
- Mit welcher Stimmung begegnest du anderen Menschen?
- Wie behandelst du deinen Partner, deine Partnerin?
- Wie gehst du mit deinen Mitarbeiterinnen und Mitarbeitern um?
- Wie verhältst du dich gegenüber Vorgesetzten?

- Welche Meinung hast du von anderen Menschen allgemein und speziell von denen in deinem beruflichen Umfeld?
- Mit welcher Haltung begegnest du dem Leben?
- Und: Was schallt zurück?

Der positive Anfangsimpuls

Das alles führt uns nun zu dem eingangs erwähnten Schlüssel für einen erfüllenden Lebensweg und eine erfolgreiche Karriere: Strahle so oft es geht etwas Positives aus, und du wirst Positives zurückbekommen. Sei großzügig und man wird dich großzügig behandeln. Sei freundlich und man wird zu dir freundlich sein. Freu dich am Erfolg anderer und du wirst selbst Erfolg erleben. Setz einen positiven Anfangsimpuls und schau, was passiert. Natürlich klappt das nicht in jeder Situation, und manchmal wirkt es ein bisschen um die Ecke. Du tust vielleicht einer Kollegin einen Gefallen – und am Abend überrascht dich dein Mann mit einem romantischen Abendessen.

Immer hat es mit guten Gefühlen zu tun, für die du sorgst. Damit kannst du die Gegenwart verändern und etwas Erfreuliches für die Zukunft anstoßen. Für mich verbindet sich Karma daher intensiv mit Selbstfürsorge. Denn ich selbst bin der Anfang von allem, was in meinem Leben geschieht.

Die Quintessenz ist für mich: Wenn ich in meiner Mitte bin und gut für mich selbst sorge, dann kann ich nur Positives nach außen strahlen. Und entsprechend wird auch sehr viel Positives zu mir zurückkommen.

Ich selbst war jahrelang Angestellte in einer Führungsposition, und ich weiß, dass ich – bei aller Liebe zu meiner Arbeit auch damals schon – in dieser Zeit manchmal missmutig zur Arbeit gegangen bin. Und natürlich schlug mir dann den ganzen Tag über Missmut von meinen Mitarbeitern entgegen. Ich schob es dann auf die anderen oder auf den »blöden Tag«, der einfach nicht vorbeigehen wollte. Mittlerweile weiß ich, wie leicht ich die Stimmung hätte heben können. Jederzeit hätte ich einen positiven Anfangsimpuls setzen können, und dann wäre ziemlich sicher etwas Angenehmeres passiert. Zumal mir dieser Impuls selbst bereits gutgetan hätte.

Anregung:
Positive Anfangsimpulse

Sobald du merkst, dass dir nichts Freundliches entgegenkommt, kannst du überlegen, ob du einen positiven Anfangsimpuls setzen kannst, der dann karmisch betrachtet irgendwann in der nächsten Zeit zu dir zurückkommt. Möglichkeiten gibt es viele:

- Lächle die Menschen an, die dir begegnen.
- Entschuldige dich ehrlich bei jemandem, dem du grantig gekommen bist oder Unrecht getan hast – ob vor einer halben Stunde oder vor zehn Jahren.
- Geh eine Runde spazieren oder setz dich für ein paar Minuten mit einem Tee oder Kaffee ruhig hin.
- Reibe dir für ein paar Minuten genussvoll die Ohren, um in ein Gespür für deinen Körper und in eine sinnliche Wahrnehmung zurückzufinden.
- Tu irgendetwas Gutes für dich, buch dir eine Massage oder frage eine Freundin, ob sie am Abend mit dir ins Kino gehen möchte.

- Kleb dir einen Notizzettel mit einem Smiley an den Computerbildschirm.
- Erschaffe dir auf irgendeine Weise positives Karma. Setz einen positiven Reiz und freu dich auf die ebenso positive Reaktion, auch wenn sie zunächst einfach nur in deiner verbesserten Stimmung erfahrbar ist.

Natürlich lässt sich mit einem Lächeln nicht jedes Problem aus dem Weg räumen. Aber lächelnd hast du eine ganz andere Energie und eine deutlich konstruktivere Herangehensweise. Und das wird freundlich beantwortet.

Karma kann auch heißen, dass wir vor zehn Jahren irgendetwas Dummes oder Aggressives gemacht haben und heute auf irgendeine Weise bewusst oder unbewusst die Folgen davon erfahren. Was es auch war, wir haben jederzeit die Möglichkeit, damit konstruktiv umzugehen und uns zu sagen: Ja, damals habe ich Mist gebaut. Es tut mir leid. Und vielleicht kann ich auf irgendeine Weise Wiedergutmachung leisten oder mich zumindest entschuldigen, bei mir selbst oder bei anderen Beteiligten ... Auch das ist eine Möglichkeit, Karma aufzulösen und alte Dinge zu bereinigen. Erkennen. Anerkennen. Loslassen. Dann ist der Weg frei nach vorn.

Warum handle ich, wie ich handle?

Manchmal braucht es zweifelsohne mehr als das, was ich bis hierhin beschrieben habe. Wenn Karma so definiert ist, dass unsere Handlungen irgendwann auf uns zurückfallen, dann müssen wir uns fragen: Warum handeln wir denn so, wie wir handeln? Wenn wir dieser Frage nachgehen, kommen wir an die alten Muster aus dem Familiensystem. Hier kommen wir nah an das heran, was Holger zur Speiche Eltern und Ahnen beschrieben hat. Ich möchte es aus dem Blickwinkel Karma noch mal etwas anders beleuchten.

Die eigene Grundintention des Handelns wird von dem bestimmt, was wir in dieses Leben mitbekommen haben. Wenn jemand über Leichen geht, weil er das beispielsweise von seinem Vater so vorgelebt bekommen hat, dann wird das Leben ihm entsprechend antworten. Er wird wahrscheinlich niemand sein, der besonders beliebt ist, tiefe Freundschaften erlebt und von einem Gefühl von Verbundenheit mit anderen getragen wird. Er gibt keine Wärme, keine Liebe, keine Zuneigung – und so bekommt er auch nichts dergleichen zurück. Sein Karma, so würde ich sagen, ist, dass er von seinem Vater eine Haltung übernommen hat, die sein Leben nicht unbedingt erfüllend macht und auch seine Karriere hemmt. Denn gewisse empathische Fähigkeiten gehören im Beruf zunehmend dazu.

Nehmen wir ein anderes Beispiel, das gar nicht so selten ist: Ein Klient ist mit seiner Mutter allein aufgewachsen, der Vater hatte sich sehr früh aus der Beziehung gelöst. Als Junge hat der Klient von seiner Mutter die Botschaft mitbekommen, dass er unangefochten die Nummer eins ist. In ihm ist verankert: »Ich bin der Mann in der Beziehung und immer die Nummer eins. Ich bin unantastbar. Mama stellt nie infrage, ob das, was ich tue, richtig ist. Ich bin einfach perfekt.« Klingt erst mal selbstbewusst. Doch mit so einem Mindset ist es natürlich nicht so einfach, im weiteren Leben mit Frauen klarzukommen. Bei diesem Mann war es so, dass er immer wieder mit weiblichen Vorgesetzten aneinandergeriet und später genauso mit Mitarbeiterinnen. Es war ihm nicht möglich, mit Frauen auf Augenhöhe zu kommunizieren und zu kooperieren. In seinen Abteilungen gab es eine hohe Fluktuation von Frauen und immer wieder Konflikte. Die Prägung durch den Vater kam noch hinzu. Wir wissen nicht, warum er die junge Familie verlassen hat. Unbewusst dürfte aber beim Sohn angekommen sein: Frauen sind austauschbar. Oder: Männer sind frei, Männer gehen ihren Weg, Männer brauchen Frauen nicht.

Manchmal müssen wir tief graben, um herauszufinden, warum wir immer wieder in Schwierigkeiten rutschen.

Auf eine ähnliche Weise stoßen viele Frauen an Karrieregrenzen, weil sie eine nicht berufstätige Mutter erlebt haben, die ausschließlich dafür da war, sich um die Familie zu kümmern. Manchmal haben die Töchter dann damit zu ringen, sich einen Karriereweg zu erlauben und zuzutrauen. Oder sie haben eine Mutter erlebt, die aus dieser Hausfrauenrolle heraus etwas anderes für ihre Tochter wollte und sie sehr ehrgeizig in Richtung Karriere gepusht hat. Das kann toll sein und wunderbar funktionieren. Oftmals steckt aber sehr viel Druck dahinter, und der alte Glaubenssatz ist im Untergrund immer noch aktiv: »Männer sind erfolgreicher, ihnen gehört die Businesswelt und Frauen müssen umso mehr Leistung zeigen, wenn sie mithalten wollen.«

Kann eine Frau nicht erkennen, dass solche Vorstellungen noch unterschwellig in ihr aktiv sind, können sie zum Karrierekiller werden. Und auch wenn eine solche Frau Karriere macht, schwelt im Hintergrund oft so eine Unsicherheit: »Ist das wirklich richtig? Darf ich das? Bin ich nur eine Hochstaplerin? Sollte ich mich nicht besser noch mehr anstrengen? Kann ich mit den Männern tatsächlich mithalten? Sollte ich nicht mit meiner Position zufrieden sein, statt noch höher hinaufzuwollen?«

Nicht wenige Frauen leben ihren Weg nicht von innen heraus, sondern kämpfen sich durch ein System, das ihnen von außen übergestülpt wurde. Der Konflikt im Inneren ist dann sehr stark. Denn einerseits spüren die Frauen unterschwellig aus dem Familiensystem die Anforderung, als »richtige« Frau Familie, Kinder und Haus an erste Stelle zu setzen. Andererseits ist da die Botschaft ihrer mit genau diesem Lebensbereich unzufriedenen Mutter, dass sie doch bitte mehr aus sich machen solle. Und schon sitzt die Frau in der Falle.

Ich kenne Frauen, die absolut top in ihrem Beruf sind, immer perfekt vorbereitet, alles stimmt bis auf den Punkt. Stellen sie ihrem Vorgesetzten dann beispielsweise ein neues Konzept vor und er sagt einfach »Nein, das gefällt mir nicht«, verstummen sie und werden komplett handlungsunfähig. In solchen Momenten wird in ihnen das alte Muster aus dem Familiensystem aktiv, dass es Männer eben besser wissen und dass Frauen im Beruf doch nicht so gut sind und so weiter. Alle Fähigkeiten, alles Wissen, alle Erfahrung, jede Schlagfertigkeit, jede argumentative Kraft – sie sind in einem solchen Moment nicht mehr abrufbar.

Wenn so etwas mehrfach passiert, ist es wesentlich, sich die dahinterliegenden Ursachen anzuschauen. Eine Klientin beispielsweise, die mir so etwas erzählte, kam gleich während unseres Gesprächs darauf: »Stimmt, bei meinen Eltern war das genauso. Wenn meine Mutter irgendeine Idee hatte, brauchte mein Vater nur kurz mit dem Kopf zu schütteln und so ein leicht verächtliches Schnalzen mit der Zunge zu machen – und sie war still.«

Der Aspekt Karma bedeutet für mich in diesem Zusammenhang, dass wir erkennen: »Okay, ich komme aus einem Familiensystem, in dem Frauen diese und Männer jene Rolle hatten und ich so und so erzogen wurde. Das ist das, was mir mitgegeben wurde, was an mir dranhängt, ob ich will oder nicht. Es wirkt bis heute nach, auch wenn es mir meist nicht bewusst war oder ist. Jetzt möchte ich mich daraus lösen, da es mich hindert und einfach nicht mehr zeitgemäß ist.« Diese Entscheidung ist schon das Wesentliche. Solches Karma lässt sich lösen, einfach weil es nicht mehr förderlich ist. Oft wird man dabei allein nicht so gut vorankommen. Ein Coach oder eine Therapeutin können hier sehr hilfreich sein.

Ich glaube, dass wir 80 Prozent dessen, was wir tun, aus alten familiären Prägungen heraus so tun. Die Frage ist: Wollen wir das? Wollen wir das weiterhin?

Spirituell betrachtet sagt man, dass die Grundeinstellung von bis zu sieben Generationen vor uns auf uns einwirken. Einfach nur, weil sie da waren. Es musste niemand zu uns sagen: »Bei uns in der Familie gehen wir davon aus, dass …« Wir bekommen es einfach mit. Vielleicht gab es einen Abend, an dem wir mit unserer Mutter am Esstisch auf den Vater gewartet haben, und er kam verspätet, aber freudestrahlend nach Hause und verkündete: »Heute war ein toller Tag! Mein Chef hat mich sehr gelobt. Es lohnt sich doch, Überstunden zu machen!«

Für uns prägt sich ein, dass wir immer schön fleißig sein müssen, um von mächtigeren Menschen anerkannt zu werden. Und es schwingt auch mit, dass wir gehorchen müssen. Wir handeln dann jahrzehntelang entsprechend und wundern uns, wenn wir nicht glücklich sind, uns abschuften und die Karriere dennoch nicht in Gang kommt oder immer wieder an den gleichen Stellen schwierig wird.

Wie aber lösen wir solche Dinge wieder auf? In meiner Arbeit gehe ich auf energetische Weise ins Ahnenfeld meiner Klientinnen oder Klienten. Das zu beschreiben, würde für dieses Buch deutlich zu weit führen. Was ich aber hier mitgeben möchte, ist, wie bedeutsam bereits ein Bewusstsein für die eigenen Vorfahren sein kann. In einer ruhigen Minute kannst du dir einmal alle Vorfahren, von denen du weißt, stammbaumartig aufschreiben und dazu notieren, wie sie mit bestimmten Themen wie Karriere, Arbeit, Geld, Familie et cetera umgegangen sind. Es kann überraschend sein, zu entdecken, wie viel davon auch in dir aktiv ist – genauso oder exakt gegenteilig. Du wirst merken: Im Ahnenfeld gibt es viele problematische Verstrickungen und Glaubenssätze, die dich prägen. Zugleich gibt es dort aber auch eine ungeheure Menge an Kraft, an positiven Qualitäten und an wertvollen Eigenschaften, die dir ebenfalls mitgegeben wurden und die dir heute sehr nützen.

Die beschriebene Klientin, die bei der leisesten Kritik ihres Chefs sofort verstummte, konnte nach unserer gemeinsamen Arbeit an ihren Vorfahren ganz klar die Haltung äußern: »Ich weiß, dass ich eine super Präsentation gemacht habe. Ich weiß das! Mein Chef kann sie kritisieren, und wir können darüber diskutieren. Aber ich muss nicht verstummen und ihm einfach so recht geben. Ich habe eine tolle Arbeit abgeliefert.« Mit dieser Haltung konnte sie ihrem Chef von da an ganz anders begegnen.

Anregung: Glaubenssätze loslassen

Die Arbeit an alten, oftmals über Generationen überlieferten Mustern ist nur sehr schwer allein und ohne professionelle Begleitung möglich. Vieles ist uns so selbstverständlich, dass wir es erst durch einen Blick von außen bemerken können. Außerdem liegt in diesen Bereichen auch viele Dramatisches verborgen.

Behindernde Glaubenssätze loszulassen, ist allerdings auch allein oft gut machbar. Das Wichtigste ist dabei, einen solchen Glaubenssatz erst einmal zu erkennen. Ich denke, dafür gibt dir dieses Buch mit seinen vielen Reflexionen sehr viele Gelegenheiten.

Lass dir für die folgende Anregung ausreichend Zeit. Sie klingt simpel, kann aber sehr wirksam sein, wenn sie wie ein Ritual und mit echter innerer Beteiligung vollzogen wird.

Schreib dir einen solchen Glaubenssatz – wie beispielsweise »Ich muss still sein, wenn mich Männer kritisieren« – auf ein Blatt Papier und leg es vor dich hin. Spüre dann für einen Moment, was dieser Satz in dir auslöst.

Im zweiten Schritt sagst du zu diesem Glaubenssatz: »Ich brauche dich nicht mehr. Ich lasse dich jetzt los. Auf irgendeine Weise hast du mir bis hierhin geholfen. Doch jetzt brauche und möchte ich dich nicht mehr.« Dann nimmst du das Blatt in die Hand und zerknüllst, zerreißt oder verbrennst es, während du dich innerlich von diesem Satz verabschiedest. Tu das ganz bewusst und richtiggehend feierlich. Spüre nach, wie du bist, wenn dieser Satz keine Rolle mehr spielt.

Vergebung – und Dankbarkeit

An dieser Stelle möchte ich das Ganze noch ein wenig relativieren. Wir haben Schwieriges von unseren Vorfahren mitbekommen, gleichzeitig auch sehr viel Gutes. Und es gibt Dinge, die vielleicht nicht so ganz hilfreich oder sinnvoll sind, die aber kein Problem darstellen. Vielleicht ertappst du dich – so wie ich – dabei, dass etwas in dir immer Angst hat zu verhungern. Dann kaufst du stets etwas mehr ein und stopfst deine Vorratsschränke so richtig gut voll. Vielleicht ist irgendjemand deiner Vorfahren in der Kriegsgeneration einmal wirklich dem Hungertod nah gewesen, und in dir findet sich dieses Muster wieder. Das ist aber nichts, weshalb du zum Therapeuten gehen musst. Bei ganz vielen Dingen können wir einfach entspannt bemerken, was los ist. Und vielleicht können wir auch ein wenig über uns selbst lachen. Nicht alles muss karmisch gelöst und bereinigt werden. Vieles macht uns einfach individuell.

Wir können unserem Karma auch freundlich zulächeln: »Ich weiß, du bist da, und manchmal bist du auch gut.«

Es ist übrigens schön, den eigenen Vorfahren in diesem Zusammenhang auch einmal danke zu sagen. Vielleicht mit diesen Worten: »Ich danke euch für alles, was ihr mir mitgegeben habt. Ich achte eure Entscheidungen und eure Art zu leben. Sie waren für euch zu eurer Zeit genau richtig, und mir ist viel Gutes daraus erwachsen. Und jetzt gehe ich meinen eigenen Weg und lasse das los, was mir nicht mehr dient.« Es ist so eine Mischung aus Dankbarkeit und Vergebung. Manch einen strengen und ehrgeizigen Glaubenssatz unserer Ahnen haben wir vielleicht auch gebraucht, um dorthin zu kommen, wo wir heute sind. Und jetzt können wir entscheiden, sanfter und liebevoller mit uns zu sein und diese Auffassung loszulassen.

Karma ist weder gut noch schlecht. Karma ist Karma. Ursache und Wirkung. So wie im Rad des Erfolges insgesamt geht es auch bei der Karmaspeiche um eine gesunde Balance. Fang daher bitte nicht an, dir bei jeder zerbrochenen Tasse darüber Gedanken zu machen, ob das vielleicht die Antwort darauf ist, dass du gestern den Postboten nicht so freundlich gegrüßt hast wie sonst. Wir sollten auch das Konzept Karma auf eine Weise nutzen, die uns hilft, unser Leben gut zu gestalten. Das heißt für mich auch, nicht ständig in der Vergangenheit zu wühlen oder Angst vor der Zukunft zu haben, sondern in der Gegenwart zu fragen: Was kann ich jetzt mit dem tun, was da ist? Schon bin ich konstruktiv und positiv – und erschaffe damit gutes Karma.

Gerade in Führungspositionen müssen wir manchmal Entscheidungen treffen, die für einige Menschen unangenehm sind. Es hat wenig Sinn, dabei Angst vor schlechtem Karma zu haben. Wenn wir bereits spüren, dass wir Bauchgrummeln bekommen, könnte es sinnvoller sein, nach Alternativen zu suchen und den für alle Beteiligten und langfristig besten Weg zu wählen. So kann uns Karma als Teil des Erfolgsrades immer wieder daran erinnern, dass unser Handeln vielschichtige Konsequenzen hat – für andere und für uns selbst.

Anregung:
Wenn die Speiche des Karmas wackelt oder angeknackst ist

Wenn du häufig etwas Unschönes erlebst, kann es sich lohnen, auch die Speiche Karma miteinzubeziehen. Die erste Ebene dabei ist, nachzuschauen, wie du auf die Welt zugehst – denn so antwortet sie dir auch. Die reflektierenden Fragen vorn im Kapitel bieten hier Anregungen.

Auf einer tieferen Ebene, wenn es dir beispielsweise rätselhaft ist, wieso du auf deinem Karriereweg Limitierungen erfährst oder dir regelrecht selbst im Weg stehst, kannst du dir deine Herkunftsfamilie anschauen. Wie wurde dort mit Erfolg und Geld umgegangen? Wie mit dem Thema Arbeit? Welches Bild von Frauen herrschte vor, welches von Männern? Was erlebst du genauso wie deine Vorfahren? Welche Glaubenssätze kannst du loslassen? Such dir für diese Arbeit gegebenenfalls auch professionelle Unterstützung. Sie kann deinen Weg nach vorn regelrecht freisprengen.

Dieser Satz ist mir zum Abschluss sehr wichtig: Handle bei jeder Tat mit deinem ganzen Herzen. Wenn du das tust, dann kann dein Karma nur super sein. Karma ist nicht die Rache des Universums, es ist der Spiegel deiner Taten. Sorge dich nicht um das, was du bekommst. Achte darauf, was du gibst.

Martina Berger ist Life & Soul-Coach und Co-Autorin sowie Co-Founder von ELEAN. Sie ist seit vielen Jahren ebenfalls maßgeblich mitverantwortlich für zahlreiche Medaillen, Titel, Auszeichnungen und Karrieren im Profisport und in Unternehmen. Sie trägt Sorge dafür, dass die Karrieren ihrer Klientinnen und Klienten gesund und in Balance stattfinden können.

Patrick Osann

Wie definierst du den Begriff »Karriere«?

Eine berufliche Momentaufnahme, deren Wert vom sozialen Umfeld und der Gesellschaft im Allgemeinen beurteilt und von den Karrieren selbst erwählter Vorbilder bestimmt wird.

Als Indikatoren für den Erfolg einer Karriere bieten sich die geschaffenen finanzielle Möglichkeiten, das gesellschaftliche Ansehen durch beruflich erlangte Titel und sichtbar gemachte Erfolge an.

Welches sind deine drei bis fünf Schlüsselfaktoren für eine erfolgreiche Karriere?

- Klarheit über und Vertrauen in die eigenen Fähigkeiten und Talente.
- Empathie.

- Ein innerer, idealerweise gesunder Antrieb.
- Erkennen der eigenen Komfortzone und Bereitschaft, diese selbstbestimmt zu verlassen.
- Ein forderndes und/oder förderndes Lebensumfeld (Familie, Freunde), das Rückzug und Erdung bietet.

Was sind für dich die drei bis fünf größten Karrierekiller?

- Angst vor Verlust.
- Angst vor Veränderung.
- Destruktives oder manipulatives Lebensumfeld.
- Begrenzende Glaubenssätze.

Deine Arbeit mit Holger

Holger öffnet Scheunentore, wo man selbst kein Mauseloch erkennen kann oder erkennen will. Durchgehen muss man selbst. ☺
In unserer bereits einige Jahre andauernden Zusammenarbeit und nach vielen mutig durchschrittenen Scheunentoren schätze ich heute den fordernden und reflektierten Austausch mit einem außergewöhnlichen Sparringspartner und Inspirator.

Patrick Osann *ist CEO und Inhaber der OSANN Gruppe.*

Zehnte Speiche des Erfolgsrades: Erfolg und Misserfolg

»Gier frisst Hirn.«

Spruch

So erstaunlich es ist: Erfolg kann sehr häufig zum Karrierekiller werden.

In Erfolgsphasen sind wir oftmals wie im Rausch. Blind für die Fallstricke. Wir wollen immer mehr. Das Gehirn schaltet sich aus. Fehler passieren, die bei klarem Kopf leicht hätten vermieden werden können.

Natürlich sollten Erfolge gefeiert werden. Natürlich sollten wir es genießen, wenn wir Erfolg haben. Unbedingt!

Aber wir sollten uns weder vom Misserfolg zu weit nach unten ziehen lassen noch durch den Erfolg zu weit abheben. Eine gesunde Mitte macht ganz sicher am meisten Sinn.

Im Erfolg werden oft die meisten Fehler gemacht. Er stellt sich in vielen Fällen sehr schnell ein, aber bis ihn das gesamte System verinnerlicht hat, dauert es etwa anderthalb Jahre.

In dieser Zeit gibt es zahllose Gelegenheiten, die Spur zu verlieren. Nach einem Erfolg ist die eigene Erwartungshaltung und die anderer immens groß.

Mir fällt da ein Versicherungsmakler ein, der in einem Jahr ein Plus von 90 Prozent an Abschlüssen erreicht hat. Er wurde enorm gefeiert. Im Jahr darauf hatte er 10 Prozent Plus – was ja immer noch sehr gut ist, auch im Mittel der zwei Jahre. Aber plötzlich galt er als schlecht und wurde vorwurfsvoll gefragt, warum er nur 10 Prozent Plus gemacht hat.

Die Erwartungshaltung geht mit jedem Erfolg weiter nach oben – und damit sind neuer Druck und tiefere Enttäuschungen meist schon vorprogrammiert.

In Erfolgsphasen ist es besonders wichtig, achtsam zu sein. Wenn du in einem Zug sitzt, auf dem »Erfolg« steht, dann wird auch dieser Zug irgendwann an seine Endstation kommen. Genieß es also, dass du es in diesem Zug geschafft hast, aber vergiss nicht, dass das Leben weitergeht. Die Entwicklung geht weiter.

Genauso ist es bei Misserfolg: Auch dieser Zug kommt irgendwann an seine Endstation. Und du kannst auch vorher schon aussteigen. Du musst ihn nicht so wichtig nehmen, nicht so absolut. Es ist immer nur eine Momentaufnahme. Entscheidend ist nur, dass du dich selbst nicht verurteilst, abwertest oder mit anderen vergleichst. Nimm dich so an, wie du bist, egal, ob du gerade einen Erfolg oder einen Misserfolg erlebt hast.

Vergiss eines nicht: Du bist – hoffentlich – immer noch der gleiche Mensch wie zuvor.

Was Menschen in deinem Umfeld erwarten, ist deren Thema. Wichtig ist vor allem erst einmal, was du selbst mit deinem Erfolg oder Misserfolg verknüpfst. Wenn du einen Erfolg eingefahren hast und deine Firma will, dass du ihn im nächsten Jahr verdoppelst, dann ist das deren vielleicht unrealistische Erwartung. Werde dir klar darüber, was du selbst erwartest und für umsetzbar hältst.

Reflexion:
Fragen für eine Erfolgsphase

- Wie feiere ich meinen Erfolg?
- Was verbinde ich mit meinem Erfolg?
- Welche meiner Erfolge fallen mir spontan ein? Wie viele davon habe ich gefeiert?
- Was möchte ich jetzt für mich und für meine Weiterentwicklung tun?
- Warum bin ich erfolgreich?
- Warum bin ich langfristig, nachhaltig erfolgreich?
- Welche realistischen Erwartungen kann ich für die kommende Zeit haben?
- Wie möchte ich mit unrealistischen Erwartungen anderer für die kommende Zeit umgehen?
- Welche eigenen Ziele kann ich jetzt formulieren?
- Wie stehen oder standen eigentlich meine Eltern zu Erfolg?
- Was möchte ich noch erreichen?
- Wie werde ich zum Champion statt zum One-Hit-Wonder?
- Habe ich mich im Erfolg verändert?

Reflexion:
Fragen für eine Misserfolgsphase

- Was verbinde ich mit meinem Misserfolg?
- Kenne ich das Gefühl des Misserfolgs?
- Wie habe ich frühere Krisen gemeistert?
- Was tue ich für mich in dieser Phase?

- Warum bin ich momentan nicht erfolgreich? Welche Speiche meines Erfolgsrades klappert? Und wie kann ich sie reparieren?
- Warum bin ich langfristig, nachhaltig erfolgreich?
- Was heißt eigentlich Erfolg für mich?
- Welche realistischen Erwartungen kann ich für die kommende Zeit haben?
- Wie möchte ich mit Kritik und unrealistischen Erwartungen anderer für die kommende Zeit umgehen?
- Welche eigenen Ziele kann ich jetzt formulieren?
- Nehme ich Misserfolge persönlich?
- Kann ich mich nach einem Misserfolg selbst annehmen und akzeptieren?
- Gönne ich mir gerade im Misserfolg etwas oder nur im Erfolgsfall?

Sehr viele Menschen belohnen sich nur im Erfolg: Wenn ich dies und das geschafft habe, dann leiste ich mir dies und jenes. Wenn dies und das geklappt hat, dann gönne ich mir dies und jenes. Was aber ist die Botschaft an sich selbst dabei? Wenn ich nichts Außergewöhnliches leiste, bin ich auch nichts wert. Wie wäre es, das mal umzukehren? Tu etwas Gutes für dich, wenn es gerade nicht so läuft.

Das Außen spiegelt uns immer, wie es in uns selbst aussieht. Wenn jemand nach einem Misserfolg auf sich einprügelt, wird es selten wieder nach oben gehen. Wenn sich jemand nach einem Erfolg wie ein junger Gott fühlt und arrogant auf andere herabschaut, kann es auch nur allzu leicht passieren, dass es schnell wieder abwärts geht.

Die Grenze verläuft zwischen einem One-Hit-Wonder und einem Champion.

Das One-Hit-Wonder gerät vollkommen in einen Rausch, wenn der erste Hit gelandet wurde. Party bis zum Absturz. Der Champion hingegen weiß, dass es lediglich ein Etappensieg ist. Er wird ihn feiern und dann wieder zur Arbeit übergehen. Leidenschaftlich, demütig und dankbar.

Ein weiterer Punkt kann zur Stolperfalle werden, wenn du gerade Erfolg hast. Vollkommen anders als beispielsweise in den USA muss man sich in unseren Breiten für einen Erfolg eher verstecken. Nur so kann man sich vor den Neidern schützen. Das muss einem einfach bewusst sein.

Reflexion:
Fragen zu Erfolg und Umfeld

- Was macht es mit mir, wenn ich Erfolg habe?
- Was macht es mit mir, wenn ich den Neid anderer erfahre?
- Wie könnte ich gut damit umgehen?
- Wie kann ich damit umgehen, wenn ich gerade Erfolge feiere und ein Kumpel von mir seinen Job verliert?

Entscheidend ist immer, sich selbst die richtigen Fragen zu stellen. Ich empfehle dir sehr, dir zu den reflektierenden Fragen, die du hier überall im Buch findest, Notizen zu machen. Wenn du einmal notiert hast, was deinen Erfolg ausmacht und warum du langfristig erfolgreich bist, kannst du es immer wieder nachlesen. Du kannst dann das Gefühl, das dabei hochkommt, auskosten und wenn nötig anpassen. Das gibt dir in schwierigen Phasen Zuversicht und zeigt dir, wo du ansetzen kannst.

Achtsamkeit ist aus meiner Sicht einer der Schlüsselbegriffe, wenn es um Erfolg und Misserfolg geht. Das klare Wissen darüber, dass, wo Licht ist, auch Schatten ist. Und umgekehrt. Dass nichts ewig so bleibt, wie es gerade ist. Dass sich alles weiterbewegt. Dass das Pendel einfach schwingt. Je höher die Erwartungen gesetzt werden, umso größer kann die Enttäuschung sein.

Zu einem Karrierekiller kann Erfolg übrigens auch dann werden, wenn der Schuster nicht bei seinen Leisten bleibt. Wenn jemand erfolgreich im Vertrieb ist und denkt: Ach, dann kann ich das bisschen Marketing auch noch machen.

Im Rausch des Erfolgs vergisst man oft, dass man von der neuen Sache keine Ahnung hat. Dankbarkeit und Demut sind wesentlich dafür, dass der Erfolg keine Eintagsfliege bleibt. Das heißt nicht, dass man sich nicht in verschiedenen Bereichen ausprobieren kann und soll. Viele Profisportler beginnen schon während der aktiven Laufbahn einen zweiten, völlig anderen Karriereweg und sind damit erfolgreich.

Wichtig ist aus meiner Sicht nur, sich nicht im Erfolgsrausch zu viel zuzutrauen und an den neuen Bereich keine zu hohen Erwartungen zu knüpfen. Im Sinne von: Wenn ich das eine kann, kann ich alles.

Die Schuhe, in denen du gehst, sollten passen. Es sollten deine eigenen sein. Wenn du sie entsprechend pflegst – und genau das tust du, wenn du ein Grundverständnis vom Rad des Erfolges erlangt hast –, halten sie auch lange.

Die Autobiografien von echten Champions zu lesen, kann in dir ein Empfinden für nachhaltigen Erfolg und den Umgang damit erwecken.

Natürlich, intelligente und proaktive Menschen sind einfach ungeduldiger. Wenn sie Erfolg haben, tauchen sofort 20 neue Ideen auf, und sie wollen loslegen. Für sie ist es oft wichtig, nicht ganz so hoch zu fliegen, um nicht allzu tief zu fallen. Lieber langsam und beständig aufsteigen und die zwischendurch immer einsetzenden Talgänge gelassen mitnehmen.

Anregung: Wenn die Speiche *Erfolg und Misserfolg* wackelt oder angeknackst ist

Achte auf diese Speiche, wenn du dich im Erfolgsrausch befindest und dabei eine leise warnende Stimme in dir wahrnimmst. »Hochmut kommt vor dem Fall«, könnte sie flüstern. Vielleicht hast du aber auch gerade eine Talfahrt hinter dir, nachdem es eine Zeitlang einfach nur super lief. Reflektiere anhand der Fragen in diesem Kapitel, was mit deiner Speiche Erfolg los ist. Ein klares Bild davon, was Erfolg ebenso wie Misserfolg für dich bedeutet, ist auf dem Karriereweg entscheidend.

Thomas Rüegg

Wie definierst du den Begriff »Karriere«?
Berufliche Laufbahn – Weg nach oben – stetiges Weiterkommen. Die Zeitspanne vom Anfang (Anlernen) bis zum Ende einer klar abgrenzbaren Tätigkeit oder eines Berufsbildes oder einfach die Zeit des gesamten Berufslebens.

Somit kann ich mehr als eine Karriere haben. Ich kann eine Fußballerkarriere und danach eine Karriere als Sportdirektor machen.

Welches sind deine drei bis fünf Schlüsselfaktoren für eine erfolgreiche Karriere?

- Sich selber reflektieren und einschätzen. Was liegt mir, was liegt mir nicht? Was macht mir Spaß? Was macht für mich Sinn? Wie wichtig ist für mich eine Karriere? Wie viel Zeit möchte ich darin investieren oder damit verbringen? Wie wichtig ist mir das Einkommen? Welche Werte zählen für mich?
- Für sich ein geeignetes Umfeld oder eine passende Firmenkultur suchen.
- Auf die eigenen Stärken und Werte setzen.
- Gute Karriereplanung. Sich klare Ziele für einen gewissen Zeithorizont setzen (zum Beispiel alle fünf Jahre) und die Ziele fokussiert verfolgen, umsetzen und neu bewerten.
- Die Bereitschaft und die Kompetenz, sich kontinuierlich zu entwickeln, zu verbessern und dazuzulernen. Wer immer denkt, er weiß es bereits, hört nicht zu und vergibt Chancen, besser zu werden oder sein Wissen zu erweitern. Nur wer den Fortschritt mitmacht, kann bestehen.
- Gesundheit: Stress- und Energiemanagement. Eine Karriere dauert etwa 40 Jahre. Physische und mentale Fitness sind zentral.
- Soziales Umfeld, Halt und Ausgleich außerhalb des Geschäftslebens. Man sollte in verschiedene Sozialsysteme eingebettet sein, die einem den nötigen Halt geben. Sind zu viele davon instabil oder im Ungleichgewicht, kann das mentale oder physische Leistungsvermögen eingeschränkt werden.
- Der Glaube an sich selbst. Seinen Weg konsequent gehen und nicht den Weg, den andere von einem zu erwarten scheinen.

Was sind für dich die drei bis fünf größten Karrierekiller?

- Am Ende sind es die größten Killer, wenn man die obigen Punkte nicht beachtet.
- Keine Planung kann heißen, dass man auf einem Weg ist, der einen nicht erfüllt und nicht den eigenen Stärken entspricht. Oder die Ziele, die man verfolgt, sind unrealistisch. Das demotiviert.
- Oder die mentale und physische Gesundheit reicht nicht. Man wird gesundheitlich ausgebremst.
- Zu viele Stimmen verderben den Brei: Man muss an seinen Weg glauben und ihn konsequent verfolgen.
- Auch verschiedene Charaktereigenschaften können eine erfolgreiche Karriere zum Scheitern bringen.
- Gier: Man denkt zu kurzfristig und verfällt kurzfristigen Gepflogenheiten, die nicht nachhaltig sind.
- Ungeduld: Man kann den Zeitpunkt des Erfolgs in einer Karriere nicht planen. Da sind Beharrlichkeit und Ausdauer gefragt.
- Nie die Bodenhaftung verlieren, demütig bleiben und ein stabiles Umfeld bewahren. Man sollte nie vergessen, wer man ist, woher man kommt und wer einen dahin begleitet hat, wo man gerade ist. Stabiles Umfeld bewahren.

Thomas Rüegg *ist CEO und Verwaltungsratspräsident der BAUMANN Group.*

Elfte Speiche des Erfolgsrades: Geld und Finanzen

»Geld verdirbt den Charakter.«

Sprichwort
(Muss das so sein?)

Geld hat schon viele Karrieren gefördert, aber auch viele zerstört. Es ist ein langer Prozess, mit Geld umgehen zu lernen. Nicht wenige Fußballprofis, die während ihrer aktiven Laufbahn hohe Summen kassieren, sind am Ende pleite. Sie leben über ihre Verhältnisse oder nehmen Kredite über Jahrzehnte auf, während sie gar nicht mehr so viele aktive Jahre im Sport vor sich haben. Wenn sie aus einem eher armen Elternhaus kommen und dann plötzlich Millionen zur Verfügung haben, geht das oft nicht gut. Niemand bereitet diese jungen Leute darauf vor.

Es ist alles andere als leicht, auf einmal so viel Geld zu besitzen. Das Umfeld verändert sich, die Selbstwahrnehmung kann sich verzerren. Man sieht es auch an Lottogewinnern: Studien haben gezeigt, dass Lottomillionäre oft schon nach einem Jahr wieder pleite sind. Und ein hoher Prozentsatz von ihnen ist einige Zeit nach dem Gewinn unglücklicher als zuvor.

Oder denk an all diejenigen, die an der Börse oder mit einer Kryptowährung plötzlich einen hohen Gewinn gemacht haben – und genau deswegen kaum noch schlafen können, weil sie jetzt natürlich Angst um ihr Geld haben und gleichzeitig das vorhandene Geld weiter vermehren wollen. Sie schauen 30-mal am Tag, wie es ihren Konten und ihren Depots geht, und sind im Kopf mit nichts anderem mehr beschäftigt. Denn wie schnell kann alles wieder weg sein!

Wer wenig Geld hat, sehnt sich oft nach Reichtum und meint, dass er dann keinen Stress mehr hätte. Ganz oft ist es aber genau andersherum: Mit mehr Vermögen ist auch mehr Stress der unterschiedlichsten Art verbunden. Erst ab einem bestimmten Vermögen wird es entspannter. Dann kann quasi kaum noch etwas schiefgehen. Aber nur die wenigsten von uns werden jemals über diese Grenze kommen.

So etwas ist auf einem Karriereweg wichtig zu wissen. Letztlich geht es nicht wirklich ums Geld, sondern um die Art, wie du leben willst, womit und woran du den größten Spaß hast. Dafür spielt mehr oder weniger Geld natürlich eine Rolle. Aber wenn es Mittel zum Zweck wird, ist die Karriere meist nicht erfüllend und oft auch nicht wirklich nachhaltig.

Geld kommt und Geld geht

Geld ist für die meisten auf dem Karriereweg zentral. Was aber bedeutet Geld wirklich? Es ist ein Mittel zum Energieausgleich. Der eine gibt seine Zeit, seine Fähigkeiten und seine Arbeitskraft und erhält dafür vom anderen Geld. Wie die einzelnen Menschen mit Geld umgehen, entscheidet sich vor allem daran, ob sie ein Wohlstands- oder ein Armutsbewusstsein haben.

Karl Lagerfeld hat einmal gesagt, dass das Geld zum Fenster heraus muss, damit es zur Tür wieder hereinkommt. Meist sind wir aber eher so geprägt, dass wir sagen: Haben kommt von Halten. Wenn wir eine Rechnung bekommen, sind unsere Gefühle nicht gerade positiv. Unsere Steuern und sonstige regelmäßige Kosten zahlen wir nur gezwungenermaßen und mürrisch. Genau das aber zeugt von einem sogenannten Armutsbewusstsein.

Geld kommt und Geld geht. Wir speisen es in einen Kreislauf ein, und so kommt es auch immer wieder zu uns zurück – wenn wir es im entsprechenden Bewusstsein und mit dem dazu gehörenden Gefühl tun. Jeder von uns hat Kosten, und wir können entscheiden, ob wir das Geld dafür gern ausgeben oder eben missmutig. Ausgeben müssen wir es sowieso, also können wir es auch gleich gern tun. Mit Freude oder zumindest einer gewissen wohlwollenden Bereitwilligkeit.

Und wir können andere an unserem Geld teilhaben lassen, egal ob wir sehr viel haben oder nur wenig. Das fängt beim Trinkgeld an. Dabei, ob wir auch einfach mal die Rechnung übernehmen, wenn wir mit jemandem zusammen im Café oder im Restaurant sitzen.

Oder als Unternehmer, Unternehmerin: Inwieweit haben die Angestellten Anteil am Erfolg? Werden sie beteiligt? Ist es Teil der Firmenphilosophie, dass alle etwas davon haben sollen, wenn es gut läuft? Bonuszahlungen oder Gehaltserhöhungen sind ein Ausdruck der Wertschätzung. Und wertgeschätzte Mitarbeiter sind natürlich produktiver und loyaler.

Dazu kommt: Wie großzügig sind wir zu uns selbst? Wie viel sind wir bereit, für uns selbst und unsere Entwicklung auszugeben? Wie oft gehen wir zum Physiotherapeuten oder zur Massage, ins Fitnessstudio oder – je nach Budget – zum Personal Training? Viele nutzen nur die Möglichkeiten, die ihre Krankenkasse ihnen bezahlt. Sie sind nicht einmal bereit, etwas draufzuzahlen, geschweige denn dass sie Angebote nutzen, die sie komplett selbst bezahlen müssen. Und das hat meist nichts damit zu tun, ob sie es sich leisten könnten. Es ist einfach eine Frage der Haltung sich selbst und dem Geld gegenüber.

Die Erfahrung zeigt: Wer Geld für sich selbst oder für andere ausgibt, zu dem kommt es auch zurück. Wer Wertschätzung gibt, der erhält auch welche.

Ich gehe seit Jahren etwa einmal pro Woche zur Physiotherapie und zahle das selbst. Ich gehe zu Coaches und zahle den Preis, den sie verlangen. Ich tue das für mich selbst, es ist ein Investment in mich selbst. Und genauso kommen die Leute zu mir, die wiederum in sich investieren wollen. Ich gebe Geld für Dinge aus, die mich freuen, die mir Glücksgefühle bescheren. So etwas ist sehr wichtig! Mit einer positiven Grundstimmung strahlen wir etwas ganz anderes aus und sind erfolgreicher.

Natürlich muss alles im Rahmen dessen sein, was du dir leisten kannst. Es geht um die Haltung der Großzügigkeit – dir selbst und anderen gegenüber. Sie bringt den Geldfluss in Schwung. Und wenn es einmal fließt, dann kommt es auch zu dir zurück.

Wie heißt es so schön? Wenn es dir am schlechtesten geht, musst du am meisten in dich investieren.

Es geht auch in geschäftlicher Hinsicht nicht darum, sich sinnlos zu verausgaben. Aber darum, sich an einem Tiefpunkt auf den neuen Aufwärtstrend vorzubereiten. Wenn in der Krise einfach nur alles festgehalten wurde und es dann wieder vorangeht, dann kannst du mit dem neuen Aufwärtstrend nicht mitgehen. Investieren kann heißen, Maschinen, Produktionsstätten, das Lokal oder Ähnliches aufzuwerten. Es kann aber auch heißen, sich selbst gesundheitlich wieder auf Vordermann zu bringen oder sich coachen zu lassen.

Wofür Geld ausgegeben wird, ist natürlich immer wichtig. Viele spenden zum Beispiel. Das tue ich eher weniger, ich bin vor allem für Hilfe zur Selbsthilfe. Ich unterstütze immer einige soziale Projekte. Oder ich coache bestimmte Menschen, die sich mein Honorar nicht leisten könnten. Ich gebe mein Know-how, damit jemand, dem es gerade selbst nicht so gut geht, aus eigener Kraft etwas erreichen kann. Manchmal erlebe ich es dann, dass mir diese

Menschen freiwillig und von sich aus großzügig etwas zahlen, wenn sie dann erfolgreich geworden sind.

Die Wertschätzung füreinander, die bei großzügigen Gesten hin und her fließt, sie allein ist es schon wert. Und jeder Mensch kann einen Bereich finden, wo er sie einbringen kann. Die Profisportler beispielsweise, mit denen ich viel zu tun habe, rege ich gern an, karitativ tätig zu werden. Wenn ein Profifußballer ein Kinderhospiz besucht, hat das natürlich eine enorm positive Wirkung auf die Kinder dort und ihre Angehörigen.

Reflexion:
Fragen zum Umgang mit Geld

- Was macht Geld mit mir?
- Welche Einstellung habe ich zum Geld?
- Welche Einstellung zum Geld hat mir meine Familie mitgegeben?
- Wie gehe ich mit Geld um?
- Gebe ich Geld mit einem guten Gefühl aus?
- Wofür gebe ich gern Geld aus?
- Wie großzügig gebe ich Geld aus?
- Wie großzügig bin ich mir selbst gegenüber?
- Wie kann ich mein Geld und meine Fähigkeiten so einsetzen, dass auch andere etwas davon haben?
- Bezahle ich meine Rechnungen und Fixkosten mit einem guten Gefühl?

Viele denken, dass sie mehr behalten, wenn sie weniger geben. Kurzfristig mag das sogar stimmen. Oder sie sparen sich alles vom Munde ab, damit es ihre Kinder einmal besser haben. Oftmals aber erlebe ich, dass Menschen, die viel Geld von der Familie mitbringen, ein schlechtes Gefühl dabei haben, da sie sich ja nichts von diesem Reichtum selbst erarbeitet haben. Es überlegt sich kaum jemand, was es eigentlich mit den eigenen Kindern macht, wenn man ihnen ein paar Millionen mit auf den Weg gibt. Was für eine Botschaft ist das?

Am Ende können wir nichts mitnehmen. Ob dann 20 Millionen oder 2 Euro auf unserem Konto sind, ist egal. Wenn es 20 Millionen sind und du hast dir selbst nichts gegönnt, war es dann ein erfolgreiches Leben?

Unser Umgang mit Geld hat sich in den letzten Jahrzehnten stark verändert. Die Menschen sind mehr darauf orientiert, von ihrem Geld auch etwas zu haben und das zu genießen, was sie sich damit leisten können. Egal ob das nach außen großartig sichtbar wird oder nicht.

Geld geht dorthin, wo es sich wohlfühlt und wertgeschätzt wird

All das, was wir über das Geld denken und glauben, strahlen wir auch aus. Wer sich innerlich arm fühlt und mehr Geld zu brauchen meint – wie ein Ertrinkender, der nach Luft ringt –, der wird kaum mehr bekommen. Wenn du in einer Verhandlung 5000 Euro haben möchtest und das auch sagst, dabei aber aus dem Bauch ausstrahlst, dass du eigentlich glaubst, deine Leistung sei nur 1000 Euro wert, dann wirst du keine 5000 bekommen. Du lässt dich so weit herunterhandeln, bis dein Bauch zufrieden ist. 5000 Euro würden sich für ihn nicht richtig anfühlen.

Die Kunst liegt auch darin, Nein zu sagen. Nein zu Dingen, bei denen dir die Wertschätzung fehlt oder an denen du keine Freude hast. Wenn du das tust, was du gern tust und wofür du jeden Tag motiviert aufstehst, dann wird das Geld auch kein Thema sein. Es kommt von selbst rein, gemessen an dem Wert, den du dir gibst.

Man sollte nie etwas ausschließlich für Geld tun.

Hierbei sind die Fragen ganz wesentlich: Was haben mir meine Eltern zum Thema Geld vorgelebt? Mit welchem Gefühl gebe ich Geld aus? Kann ich Geld annehmen?

Wie ist es denn, wenn zwei Leute essen gehen und der eine am Ende sagt: »Ach, weißt du, die Rechnung übernehme ich«? Der andere sagt sofort: »Okay, dann zahle ich beim nächsten Mal.« Das ist Armutsbewusstsein. Er könnte die Einladung auch einfach annehmen, sich bedanken und es genießen.

Geld geht immer dorthin, wo es sich wohlfühlt. Kannst du es schätzen? Freust du dich, wenn es hereinkommt, und genauso, wenn du es wieder nach draußen fließen lässt? Kannst du es annehmen? Lässt du es fließen?

Auch der Blick auf dein Umfeld lohnt sich.

Wie die Menschen, mit denen wir unsere Zeit verbringen, mit dem Geld umgehen, hat auch einen Einfluss auf uns selbst. Ist die Großzügigkeit gleich verteilt? Lädst du die anderen gern ein – und stellst bei genauerer Betrachtung fest, dass es immer du bist, der einlädt, kaum einmal die anderen? Viele erfolgreiche Menschen kennen das Gefühl, dass einige nur ihre Nähe suchen, weil sie viel Geld haben.

Schau dir die Geldflüsse in deinem Leben und dem deiner Mitmenschen ruhig einmal genauer an, aus einer höheren Perspektive. Da dürften spannende Muster erkennbar werden. Wenn jemand kein Geld ausgeben will, wird er in unserer heutigen Zeit meist dazu gezwungen. Das Finanzamt stellt eine Nachforderung, von irgendwoher kommt unerwartet eine höhere Rechnung, es geht etwas kaputt und muss ersetzt werden. Es gibt Tausende Möglichkeiten, wie das Leben immer wieder dafür sorgt, dass du an diesem Thema dranbleibst und den Fluss des Geldes von dir aus anstößt.

Reflexion:
Fragen zur Großzügigkeit

- Wo bin ich großzügig?
- Lade ich andere ein?
- Übernehme ich gern am Ende eines schönen Beisammenseins die Rechnung?
- Wie oft schenke ich ein Lächeln?
- Wie gern schenke ich anderen meine Zeit?
- Wie frei biete ich anderen Unterstützung an?

Vermögen

Lass mich noch ein paar Sätze zum Thema Vermögen sagen. In unserer heutigen Zeit haben sehr viele Menschen große Summen vererbt bekommen oder auf dem eigenen Karriereweg erworben. Die wesentliche Frage ist dann: Wie setzen sie es ein? Wer Vermögen hat, hat damit gleichzeitig auch Einfluss. Wie macht er ihn geltend? Wem dient er mit dem Geld?

Viele gehen mit ihrem Vermögen in die teuersten Lokale und Hotelanlagen. Und oft fragen sie sich gar nicht, ob es das ist, was sie wirklich wollen. Sie tun es einfach, weil man das in ihren Kreisen so macht. Aber macht es ihnen wirklich (noch) Freude?

Mit einem Vermögen haben wir immer auch Einfluss auf unser Umfeld. Und damit müssen wir umzugehen lernen.

Dazu gehört, sich die Prägungen in Bezug auf Geld und Status bewusst zu machen und herauszufinden, wie man wirklich aus sich selbst heraus damit umgehen möchte. Ich habe nicht wenige Menschen kennengelernt, für die ihr Vermögen letztlich eine Last darstellt. Denn an ein Erbe ist meist auch ein ganzes Paket an Erwartungen und Vorstellungen der Familie gebunden. Darüber muss man sich erst einmal bewusst werden und dann sortieren, was zu einem selbst passt und was nicht.

Reflexion:
Fragen zu Vermögen

- Wie fühle ich mich mit meinem Vermögen?
- Macht mein Vermögen aus mir einen besseren Menschen?
- Wie setze ich es ein?
- Wie mache ich meinen Einfluss geltend?
- Was kann ich mit meinem Vermögen Gutes für Menschen, Tiere und Natur tun?

Anregung: Wenn die Speiche *Geld und Finanzen* wackelt oder angeknackst ist

Es kann deine Karriere empfindlich stören, wenn du dir nicht darüber klar bist, was Geld für dich bedeutet und wie du in diesem Bereich geprägt bist. Diese Speiche des Erfolgsrades wird instabil, wenn Äußeres und Inneres nicht zusammenpassen: wenn du mehr hast (oder anstrebst), als du unbewusst verkraften kannst oder dir erlaubst.

Zerrinnt dir das Geld trotz allen Erfolgs zwischen den Fingern oder kommt es trotz härtester Arbeit einfach nicht zu dir – dann könnte es an der Zeit sein, dir die reflektierenden Fragen dieses Kapitels zu stellen und dein Verhältnis zum Geld auf einen neuen Stand zu heben.

Marcel Siem

Wie definierst du den Begriff »Karriere«?
Karriere ist der Verlauf meiner beruflichen Laufbahn.

Welches sind deine drei bis fünf Schlüsselfaktoren für eine erfolgreiche Karriere?
Man braucht ein gutes Team um sich herum, auf das man sich voll verlassen kann. Es ist wichtig, das man sich voll auf sich und seinen Sport oder Job konzentriert. Fehlt der Fokus, weil man zu viele andere Baustellen zu bewerkstelligen hat, wird es sehr schwer, erfolgreich zu sein.

Ein klares Ziel vor Augen ist nötig. Verantwortung übernehmen und sich nicht als Opfer sehen.

Meiner Meinung nach kommt der Erfolg auch immer mit dem Spaß an der Sache. Gerade im Sport spielt man ja eigentlich, wenn das keinen Spaß macht, wird es schwer.

Bedingungsloser Glaube an mich selbst ist entscheidend. 80 Prozent meiner Karriere war für mich klar: Ich gewinne das Ding, auch wenn das leider nicht immer zutraf. 😊

Das Allerwichtigste ist der Kampfgeist, niemals aufgeben, fighten, fighten, fighten. Wenn man sich nicht durch Niederlagen kämpft, kann man auch nichts draus lernen. Immer wieder aufstehen und weitermachen. Man muss seiner Linie treu bleiben und verstehen, dass 99 Prozent der Leute einen nur aus der Bahn werfen, wenn man es zulässt und jedem zuhört. Man muss Rückgrat aufbauen.

Was sind für dich die drei bis fünf größten Karrierekiller?

- Wenn man sich den falschen Lebenspartner ausgesucht hat, wird es sehr schwer. Das habe ich sehr oft in unserer Sportart miterlebt.
- Technikumstellungen sind immer extrem risikoreich, speziell wenn es gut läuft und man gierig wird und noch besser werden möchte.
- Falsche Berater.
- Wenn man versucht, es allen recht zu machen und gut dazustehen, anstatt sich selber treu zu bleiben und drauf zu scheißen, was die Leute über einen denken.
- Finanzielle Fehlentscheidungen, die einen in eine Situation bringen, in der der Druck zu groß wird und man Existenzängste

haben muss. Dann wird es sehr schwer, 100 Prozent aus sich rauszuholen.

Deine Arbeit mit Holger

Lieber Holger, vielen Dank für unsere tolle Zusammenarbeit bisher. Ich durfte schon viel von dir lernen, speziell über mich selber. Ich freue mich drauf, mit dir den zweiten Teil meine Karriere bestreiten zu dürfen. 💪👊 #mywayback

Marcel Siem *ist viermaliger European-Tour-Sieger im Golf und aktiver Golfprofi.*

Zwölfte Speiche des Erfolgsrades: Öffentlichkeit

»Hochmut kommt vor dem Fall.«
»Lass dir den Ruhm nicht zu Kopfe steigen.«

Sprichwörter

Wenn sich eine Karriere dahin entwickelt, dass sie für die Öffentlichkeit sichtbar wird, braucht es sehr viel Achtsamkeit. Man muss lernen, damit umgehen und seinen Einfluss eines Tages auch gut zu nutzen. Wer sehr erfolgreich werden will, muss auch Ja zur Öffentlichkeit sagen. Er muss bereit sein, sich in den Medien zu zeigen und mit alldem umgehen zu lernen, was damit zusammenhängt.

Sehr erfolgreiche Menschen werden immer Phasen haben, in denen sie öffentlich präsent sind, im Positiven wie im Negativen.

Im Profisport haben die Athleten gar keine Wahl. Als Unternehmer können wir aber entscheiden, wie weit wir uns ins Rampenlicht hinaus bewegen. Für sehr viele, vor allem junge Menschen ist es ja das Ideal schlechthin, ein VIP und ein Promi zu sein. Aber wissen sie wirklich, was damit verbunden ist?

Menschen, die in der Öffentlichkeit stehen, werden von der Mehrheit als Allgemeingut angesehen. Sobald sie irgendwo auftauchen, meint jeder, ein Selfie mit ihnen machen zu dürfen, sie ansprechen zu müssen. Im Internet glaubt jeder, Kommentare über sie abgeben zu können, sie kritisieren oder sogar beschimpfen zu dürfen. Kaum jemand versetzt sich mal in die Lage der Promis. Zumindest nicht differenziert. Der Reichtum und die Vorteile des Promistatus werden geneidet. Die Kehrseiten allerdings schaut man nicht an.

Es müssen dabei nicht immer die Glitzerwelten sein, die Öffentlichkeit ausmachen. In einer Kleinstadt beispielsweise kennen die Menschen den Unternehmer der ortsansässigen Firma. Sie kennen die ganze Familie und die Geschichte des Unternehmens. Das kann ein Fluch sein – und man kann lernen, es zu einem Segen zu machen und seinen Einfluss wirksam einzubringen.

Wer im Licht der Öffentlichkeit steht, kann naturgemäß viel mehr bewegen. Ob karitativ, sozial, kulturell, kommunalpolitisch oder ökologisch. Natürlich kann es anstrengend sein, immer unter dem Brennglas der anderen zu leben. Der Vorteil ist, dass man viel mehr Einfluss auf die Geschicke seines Umfeldes hat und mitgestalten kann. Sich das bewusst zu machen, kann dazu führen, dass man wirklich mit an der Welt bauen kann, in der man leben möchte.

Auch hier spielt entscheidend hinein, wie die eigenen Eltern mit Menschen in der öffentlichen Wahrnehmung umgegangen sind. Waren das die »Arroganten«? Die »Großkopferten«? Die »Mediengeilen«? Wenn du dir deine Eltern anschaust, weißt du, was in dir noch verankert sein kann. Wenn du dir das klarmachst, hast du die Möglichkeit zu entscheiden, welche Ansichten deiner Eltern du behalten und welche du loslassen möchtest.

Im Bild des Karrierebahnhofs gesprochen: Willst du in den Familienzug einsteigen, sobald du mit der Öffentlichkeit zu tun bekommst? Oder willst du es nicht? Bist du vielleicht schon drin und willst aussteigen? Dann sitzt du möglicherweise eine Weile auf dem Bahnhof und reflektierst, wie für dich ein guter Umgang mit der Öffentlichkeit aussehen könnte. Du kannst dich an großen erfolgreichen Vorbildern orientieren oder einfach aus dir heraus deinen eigenen Weg entwickeln. Gegebenenfalls mit Unterstützung einer Beraterin oder eines Coachs. Auf jeden Fall aktiv und für dich stimmig.

Die Fallen der Berühmtheit

Für den Großteil der Menschen ist es ein heiß ersehntes Ziel, endlich von der Öffentlichkeit wahrgenommen zu werden. Doch du darfst nicht davon ausgehen, dass es die Leute in den Medien und den sozialen Netzwerken gut mit dir meinen. Sie haben bestimmte Vorstellungen und verfolgen ihre eigenen Ziele. Solange du erfüllst, was sie von dir wollen, mag es gelingen. Doch ganz schnell kann sich das Blatt wenden. Du wirst vielleicht bewundert, vor allem aber auch beneidet. Und jeder kleinste vermeintliche Fehler wird hochgekocht.

Man ist heutzutage sehr schnell in der Öffentlichkeit, aber auch sehr schnell wieder weg vom Fenster.

Menschen des öffentlichen Lebens müssen damit klarkommen, ständig Dinge über sich zu hören und zu lesen, die zum Teil gar nicht wahr sind und die sie so nie gesagt haben. Jeder schraubt an ihnen herum, wie es ihm gerade in den Kram passt. Jeder meint genau zu wissen, was für diesen VIP das Richtige ist, und viele werden böse und ausfallend, wenn es nicht angenommen wird.

Wenn der Profisportler, Künstler oder Unternehmer einen anderen Weg wählt oder irgendetwas tut – oder auch nur vermeintlich tut –, was nicht dem Bild entspricht, das sie sich von ihm gemacht haben, reagieren manche bis hin zu Beschimpfungen oder gar Bedrohungen. Mit alldem muss man leben lernen. Das ist ein äußerst herausfordernder Weg, der höchste Achtsamkeit erfordert.

Reflexion:
Fragen zur Öffentlichkeit

- Wie gehe ich mit dem Thema Öffentlichkeit um?
- Will ich in die Öffentlichkeit oder will ich es nicht?
- Was zeige ich von mir?
- Wo ist für mich die Grenze, wo sorge ich gut für mich, indem ich mich aus der Öffentlichkeit zurückziehe?
- Was äußere ich in Interviews?
- Was poste ich?
- Mit welcher Grundhaltung lasse ich die Öffentlichkeit wie weit in mein Leben hinein?
- Wie kann ich meinen öffentlichen Einfluss am besten nutzen?
- Wie kann ich durch meinen Einfluss anderen Gutes tun?
- Welches Image möchte ich in der Öffentlichkeit haben?
- Welche Werte möchte ich verkörpern und damit auch verbreiten?
- Wer möchte ich sein, auch im Erfolg?

Die Öffentlichkeit baut sehr schnell ein Bild von jemandem auf. Vielen passiert es dann, dass sie sich selbst mit diesem Bild identifizieren. Die Medien und sozialen Netzwerke geben eine Hülle vor, die diesem prominenten Menschen entsprechen soll – und oftmals schlüpft er hinein und hält sich dann für genau das, was da gezeigt wird. Das kann aber niemals wirklich seine ganze Persönlichkeit sein. Es können immer nur bestimmte Seiten von ihm sein und oftmals sind auch die verfälscht.

Oder sie identifizieren sich nur noch mit der Rolle – beispielsweise als Profifußballer –, die sie in der Öffentlichkeit spielen. Mit ihrer Leistung und ihren Erfolgen. Dann kann es passieren, dass sie den Zugang zu sich selbst als Mensch verlieren, der natürlich deutlich vielschichtiger ist als das, was öffentlich gezeigt wird.

Ob du erfolgreich bist oder nicht, du bleibst immer derselbe Mensch.

Dich selbst zu vergessen oder zu verlieren, ist äußerst schmerzhaft. Nicht umsonst gibt es viele Stars, die sehr einsam und unglücklich waren oder sind. Ihr Umfeld und die Öffentlichkeit will nur bestimmte Seiten von ihnen sehen, nur ein bestimmtes Bild bestätigt bekommen. Wenn sie diese Erwartung erfüllen, fehlt ihnen ein wesentlicher Teil ihrer selbst. Und wenn sie sie nicht erfüllen, kann es nur zu leicht passieren, dass ihnen ihr hoher Status wieder entzogen wird. Beides ist schmerzhaft.

Für mich ist es sehr schön, wenn ich über Jahre Menschen begleite, die dann sehr erfolgreich werden und immer noch die gleichen sind. Mehr Erfolg, mehr Geld, mehr Öffentlichkeit, aber immer noch der gleiche Mensch. Weiterentwickelt, aber immer noch er oder sie selbst. In Dankbarkeit für den Weg, der ihnen möglich wurde.

In jungen Jahren genießen viele die Aufmerksamkeit der Medien, wenn sie ihnen plötzlich zuteilwird. Doch für die meisten wird es schnell unangenehm. Man ist einfach ständig unter Beobachtung und pausenlos den Kommentaren unzähliger Leute, die man nicht einmal kennt, ausgesetzt. Sobald etwas schiefgeht, erntet man Schadenfreude. Man ist eine Projektionsfläche für die anderen. Für viele Profisportler ist das ein sehr belastender Teil ihrer Karriere, der sie oft vom Wesentlichen, vom Fokus auf ihre sportlichen Leistungen, ablenkt.

Ab einer bestimmten Stufe des Erfolgs machen die Promis ihre Öffentlichkeitsarbeit auch nicht mehr selbst, sondern beauftragen Profis damit. Und vor allem – das sagen sehr viele der Champions in Sport und Kultur – lesen sie nicht, was die Leute oder die Zeitungen über sie schreiben. Das macht nämlich in den seltensten Fällen glücklich. Es lenkt ab und wühlt auf, es verzerrt die Selbstwahrnehmung. Als Person des öffentlichen Lebens hat man viel Lebenszeit darauf zu verwenden, immer wieder mit dem klarzukommen, was über einen geäußert wird. Wer sich das sparen kann, sollte es tun.

Natürlich gibt es auch Prominente, die die Beziehung zu ihren Anhängern pflegen, die Kommentare lesen und teilweise auch darauf antworten. Einige sind mit Freude dabei und auch gekonnt darin, ihren öffentlichen Einfluss dafür zu nutzen, ihre Karriere zu befördern und sich für Dinge in der Welt einzusetzen, die ihnen am Herzen liegen. Denn das kann man mit einer großen Reichweite wunderbar tun.

Aus meiner Sicht sollte jeder, der durch die Öffentlichkeit gut verdient, der Allgemeinheit auch etwas zurückgeben. Er zahlt mehr Steuern, okay. Aber es sollte weit darüber hinausgehen und etwas sein, mit dem wirklich anderen Menschen geholfen wird.

Wer in der Öffentlichkeit steht, hat sehr viel Macht – wenn er sie zu nutzen weiß. Du kannst Werte weitergeben. Du kannst Projekte unterstützen und damit Tausende animieren, es ebenfalls zu tun. Du kannst das öffentliche Bild deines Einflussbereichs komplett verändern – hin zu mehr Menschlichkeit, zu mehr Lebensfreude, zu mehr Miteinander. Es gibt unendlich viele Möglichkeiten.

Mir ist es wichtig, meinen Einfluss auch dafür zu nutzen, das Bild von Karrieren in ein neues Licht zu rücken. Wir sind hier schon bald am Ende dieses Buches angelangt, und ich hoffe, dass du jetzt einen anderen Blick auf das Thema hast. Es gibt Karrieren, wo jemand links und rechts alles niedermäht und am Ende ganz oben steht. Erfüllend und nachhaltig ist das nicht. Karrieren der heutigen und der künftigen Zeit beziehen viel mehr mit ein als nur Geld und Status. Sie sind vielfältiger, und vor allem sind sie ein Weg zum Erfolg, auf dem Gesundheit, nährende Beziehungen und einfach ein glückliches Leben einen großen Stellenwert haben. In diesem Sinne möchte ich mit meinem Blick auf Karriere Menschen unterstützen, egal ob sie Fußballchampions sind oder werden wollen, ob sie ein global agierendes Unternehmen gründen oder ein kleines Café aufmachen.

Anregung:
Wenn die Speiche *Öffentlichkeit* wackelt oder angeknackst ist

Mach dir am besten frühzeitig bewusst, inwieweit du Öffentlichkeit willst. Wenn sie bereits da ist (oder du keinen Einfluss darauf nehmen kannst – wie im Profisport), dann sei besonders achtsam. Nutze alles im Kapitel Beschriebene und such dir eventuell auch professionelle Begleitung für die Öffentlichkeitsarbeit. Wenn es dir auf deinem Weg nicht gut geht, prüfe, inwieweit du dich für Lob, Likes oder Schlagzeilen verkaufst.

Epilog

»Hab Geduld mit allen deinen Themen,
vor allem aber mit dir selbst.«

Du bist jetzt am Ende dieses Buches angelangt. Ich hoffe, dass auch dein eigenes Karrierebuch mittlerweile gut gefüllt ist. Nicht nur mit den Antworten auf die Fragen, die ich dir gesondert zur Reflexion angeboten habe, sondern auch mit Antworten auf die Fragen, die ich dir immer mal wieder im normalen Text gestellt habe.

Mein Buch hat nicht den Anspruch, perfekt zu sein und allumfassend das Thema Karriere abgefrühstückt zu haben. Es ist ein Werkzeugkasten für dich, deinen Erfolg und deine Karriere.

Öfters habe ich Themen, Aussagen, Hinweise oder Fragen wiederholt – in voller Absicht. Zum einen, weil die Speichen des Erfolgsrades, auch wenn sie getrennt betrachtet wurden, doch unmittelbar miteinander verbunden sind. Zum anderen wollte ich durch die immer wieder vorkommenden Wiederholungen dich und dein Gehirn dabei unterstützen, sich umzuprogrammieren und einen Trainingsprozess anzuschieben.

Das Rad des Erfolges ist wie ein Glücksrad. Eine der zwölf Speichen steht immer oben. Ein Thema ist immer aktuell und braucht Aufmerksamkeit. Ob du willst oder nicht.

Wenn du im Sprint an die Spitze krank wirst, geht es offenbar momentan nicht darum, weiter zu rennen. Dann hältst du eben inne, pflegst dich, sorgst für deine Genesung – und weißt dabei, dass auch das zu deiner Karriere gehört.

Es ist kein schmaler Pfad, auf dem du mit Scheuklappen entlang rast. Es ist der Weg deines Lebens, zu dem alle Bereiche deines Daseins gehören.

Wo auch immer du etwas Gutes für dich oder für andere tust, hat das einen Einfluss auf das gesamte Rad. In diesem Sinne ist es wiederum auch kein Glücksrad. Denn das Gelingen deines Weges unterliegt nicht einfach dem Schicksal und einem Glücksfall, sondern du kannst eine ganze Menge tun.

Die Veränderungen auf deinem Karriereweg werden nicht lange auf sich warten lassen, wenn du dich aktiv und am besten proaktiv um die Speichen deines Erfolgsrades kümmerst.

Abschließen möchte ich dieses Buch mit einer allerletzten Frage, die auch die letzte Frage in deinem Karrierebuch sein sollte:

Was soll einmal auf meinem Grabstein über mich stehen?

Ich wünsche dir ganzheitlichen und nachhaltigen Erfolg und vor allem viel Spaß und Freude bei der Arbeit mit dir selbst und mit deiner Karriere.

Holger Fischer

Thomas Strunz

Wie definierst du den Begriff »Karriere«?
Für mich ist die Definition meiner Karriere, dass ich es geschafft habe, in meiner Berufung als Fußballspieler möglichst nah an meine optimale Leistungsfähigkeit herangekommen zu sein. Allgemein heißt Karriere für mich: Nutze deine Fähigkeiten so optimal wie möglich, um in deinen Augen erfolgreich zu sein.

Welches sind deine drei bis fünf Schlüsselfaktoren für eine erfolgreiche Karriere?
Der wichtigste Faktor war für mich, dass ich nahezu immer, allerdings damals ohne es wissen, auf mein »Bauchgefühl« gehört habe, während eines Spiels viele Dinge im Voraus erahnen und die richtigen Entscheidungen treffen konnte.

Ein weiterer war sicher auch, dass ich in der Lage war, »unter Druck« besondere Leistungen abzurufen, mich auf das Wesentliche konzentrieren und fokussieren zu können.

Außerdem sehe ich meine hohe Eigenmotivation, gewinnen zu wollen, also mit meinen Mannschaften Titel zu holen, als entscheidenden Faktor an. Ich habe mich nie über Geld motivieren können. Bis heute möchte ich Dinge gestalten, das ist meine Motivation und Berufung.

Was sind für dich die drei bis fünf größten Karrierekiller?
Meine größten Karrierekiller waren die Themen Öffentlichkeit und Beziehungen im Privaten. Das Thema Öffentlichkeit wird massiv unterschätzt. Ich muss als Fußballer bereit und darauf vorbereitet sein, im Rampenlicht zu leben. Bei mir war dies nicht der Fall.

Jedes Mal, wenn ich besonders in den Fokus der Öffentlichkeit geriet, sprich wenn es erhöhte persönliche mediale Berichterstattung, erhöhtes Fan-Interesse und höhere Erwartungen des Clubs gab, hat mich eine meiner vielen Verletzungen in meiner Entwicklung gestoppt und wieder mehrere Stufen zurückgeworfen.

Ein weiterer Karrierekiller waren private Beziehungen. Vielfach haben sie meinen Fokus auf Nebensächlichkeiten verschoben, die für meine sportliche Leistungsfähigkeit hinderlich waren. Fokussierung auf das Wesentliche ist für mich das einfachste und zugleich schwierigste Thema für jede Karriere.

Deine Arbeit mit Holger

Holger Fischer war beziehungsweise ist für mich einer der wichtigsten Menschen, die ich kennenlernen durfte. In der schwierigsten Zeit meines Lebens hatte ich das Glück, ihn an meiner Seite zu wissen. Er hat mich wieder neu zusammengebaut, als ich am Boden lag, und mir einen völlig neuen Blick auf mich, meine Vergangenheit, aber auch auf meine Zukunft gegeben. Diese sehr harte, aber gleichzeitig auch sehr schöne Zeit werde ich nie vergessen. Danke, Holger!

Thomas Strunz *ist Ex-Fußballprofi, Europameister, Champions-League-Sieger, UEFA-Cup-Sieger, mehrmaliger Deutscher Meister und Pokalsieger, ehemaliger Manager des VFL Wolfsburg, TV-Experte, Ex-Spielerberater sowie Co-Founder von ELEAN.*

Nachwort von Diane Zilliges

»Karrierekiller« aus der Sicht der Ghostwriterin dieses Buches

Karriere? Ich doch nicht! Hat mich nie interessiert.

Das war jahrelang meine Einstellung zu diesem Thema. Ich hatte all die Vorurteile im Kopf, mit denen Holger in diesem Buch aufräumt. Wer Karriere machen will, interessiert sich nur für Geld, kämpft sich ohne Rücksicht auf Verluste mit den Ellbogen nach oben und kümmert sich wenig um die Seiten des Lebens, bei denen Menschlichkeit, Verbundenheit oder auch Nachhaltigkeit eine Rolle spielen.

Ich bin sehr froh, dass ich zugestimmt habe, Holger bei genau diesem Buchthema zu unterstützen. Mein Bild von Karriere und sogenannten Karrieremenschen hat sich dabei verändert. Ja, ich habe erkannt, dass ich seit Jahren selbst mit ziemlicher Begeisterung auf einem Karriereweg unterwegs bin. Kein klassischer Weg, denn als Soloselbstständige bin ich immer Chefin, Putzfrau und Werbeabteilung, Buchhalterin, Kreative und Mädchen für alles in Personalunion. Es gibt keine Sprossen einer Karriereleiter, keine Vorgesetzten und keine Mitarbeiter. Aber im von Holger beschriebenen Sinne habe ich sehr wohl einen Karriereweg beschritten und verfolge diese Entwicklung mit all ihrem Auf und Ab und den Konsolidierungsphasen weiterhin.

Dass sich auf diesem Weg einiges tut, merke ich nicht nur daran, dass sich die Art der Projekte, an denen ich beteiligt bin oder die ich selbst anstoße, immer wieder – so schön wie herausfordernd – verändert. Auch an der Zusammenarbeit mit Holger habe ich festgestellt, wie viel sich bei mir weiterentwickelt hat. Ich weiß nämlich sehr gut, wie er einen triggern kann. Erspürt er doch immer die Punkte, an denen noch etwas nicht gelöst ist. Vor ungefähr zwölf Jahren haben wir für sein erstes Buch schon einmal zusammengearbeitet und dabei einige Zeit zusammen verbracht. Eine Zeit, in der ich mehrfach in Selbstzweifel und Unzulänglichkeitsgefühle abgerutscht bin. Einfach weil mich unsere Gespräche über die damaligen Buchthemen ständig neu an Punkten erwischt haben, die in mir offensichtlich noch nicht geklärt waren. Die große Wertschätzung, die Holger mir und meiner Arbeit auch damals schon entgegenbrachte, konnten daran nichts ändern.

Wenn die roten Knöpfe gedrückt werden, geht es erst einmal abwärts – mit der Stimmung und mit dem gefühlten Alter. Man rutscht in den inneren Anteil des verletzten Kindes.

Zugleich liegt darin die große Chance – Holger spricht von Lerngeschenken –, genauer hinzuschauen. Was erwischt mich hier? Was fühle ich jetzt? Woher kenne ich das? Und ist diese emotionale Reaktion der aktuellen Situation und meinem heutigen Lebensalter angemessen? Zeit für ein paar Hausaufgaben.

Bei diesem Buch war es anders. Ich erlebte unsere Zusammenarbeit als rundum wertschätzend, interessant und bereichernd. Offensichtlich hatte ich einige Schritte gemacht – in meinem Leben und in dem, was ich jetzt tatsächlich als meine Karriere bezeichne. Schön, das zu bemerken.

Als förderlich für den beruflichen Weg auf die eigenen Ziele zu sehe ich heute vor allem, sich den Themen zu stellen, die auftauchen, ebenso sanft wie kompromisslos. Und als Karrierekiller würde ich es bezeichnen, wenn man genau das nicht tut und sich zu wenig nach innen wendet.

Ich habe aus den Kapiteln dieses Buches sehr viel mitgenommen und Karriere in ihrer Vielschichtigkeit ganz neu einschätzen und schätzen gelernt. Auch die zahlreichen Statements von Profisportlern und erfolgreichen Unternehmern haben mir etwas sehr Wesentliches gezeigt: Jeden Menschen befallen dann und wann Zweifel, und er erlebt dieses qualvolle, aber bestenfalls auch fruchtbare Ringen mit seinen jeweiligen Themen. Selbst den bekanntesten Größen geht es so, auch wenn das auf Bildschirmen und Hochglanzseiten selten so dargestellt wird. Die Perfektion dort – oder der hämisch oder mitleidig begleitete Fall eines Sterns – sind nicht das wahre Leben. Das zu begreifen macht Mut, sich nicht zu vergleichen, sondern dem eigenen Weg zu folgen. In der eigenen Tiefe zu schauen, was an Fähigkeiten geborgen und gelebt werden will.

So hat mir ausgerechnet dieses Buch zum Thema Karriere ein großes Stück Zuversicht und noch mehr Vertrauen in unsere Menschlichkeit geschenkt. Sehr kostbar in diesen aufwühlenden Zeiten.

Danke, Holger!

Diane Zilliges ist Lektorin, Autorin, Ghostwriterin und Coach für The Work of Byron Katie (vtw).

Danksagung

Ohne die Unterstützung von verschiedenen Personen wäre dieses Buch niemals zustande gekommen.

Angefangen bei meinem Manager Dirk Schimmel von der Ethos-Group, dem Verleger Christian Jund, dem Programmleiter Michael Wurster vom Redline-Verlag und natürlich meiner Ghostwriterin Dr. Diane Zilliges, mit der ich schon das größte Vergnügen hatte, mein erstes Buch gemeinsam zu gestalten, sowie meiner Ehefrau Martina, die nicht nur als Co-Autorin und super Ratgeberin stets hilfreich an meiner Seite steht, sondern auch in ihrer Eigenschaft als Life & Soul-Coach mit mir zusammen bei vielen Klientinnen und Klienten oft wahre Wunder bewirkt (www.martina-berger.de). All diesen Menschen möchte ich von ganzem Herzen danken. Ihr seid absolut super!!

Megagroßen Dank auch an René Adler und Thomas Müllerschön, die sich bereit erklärt haben, die Vorworte für dieses Buch zu schreiben.

Ebenso herzlich bedanken möchte ich mich bei all meinen Klientinnen und Klienten, allen voran bei denjenigen, die an diesem Buch mitgewirkt haben. Ihr seid meine Lehrmeister und auch meine Inspiration, mich weiterzuentwickeln und immer weiter an mir zu arbeiten.

Ebenso bedanken möchte ich mich bei meinem Coach Julia Weitzenegger, die mich schon seit ein paar Jahren hervorragend betreut.

Genauso froh bin ich, dass Paul Götte und Nadine Brakelmann an meiner Seite sind. Paul kümmert sich meisterhaft um die Aus- und Weiterbildung meiner körperlichen Fähigkeiten und gibt mir im Ring immer wieder neue Aufgaben, die mich fordern und fördern und zuweilen auch schmerzhaft sein können, vielen Dank dafür, lieber Paul.

Nadine ist eine Meisterin in der Physio- und Osteopathie und hat es geschafft, mit Paul zusammen meinen Körper so umzubauen, dass eventuelle körperliche Spätfolgen meiner Vergangenheit nahezu ausgeschlossen sind.

Besonders grüßen möchte ich die Familie Weishaupt, allen voran Frank. Seit nunmehr elf Jahren kennen und schätzen wir uns und unterstützen uns gegenseitig ohne großes Aufheben. Schön, dass es dich/euch gibt! Ich freue mich auf die nächsten zehn Jahre mit dir/euch.

Besonders dankbar bin ich, dass ich in meiner Frau Martina Berger, in Paul Götte, Thomas Strunz und Martin Strobel Mitstreiter gefunden habe, um in einer neuen Firma, ELEAN – Die Erfolgsakademie, für aktuelle und zukünftige Führungskräfte sowie alle Menschen, die sich weiterentwickeln möchten, eine Plattform zu schaffen, um schnell und effizient vorhandene Potenziale zu entfalten und eine neue, noch erfolgreichere und gesündere Führungskultur in Unternehmen zu implementieren.

Von Herzen grüßen möchte ich auch meine Söhne Patrick, Kevin, Noah-Etienne und Enrique-Leon sowie Stand heute meine drei Enkel Sami, Leni und ?. Möge dieses Buch auch für euch eine Inspiration sein.

Abschließend möchte ich mich bedanken bei Carsten Meyer, der seit über zehn Jahre mitverantwortlich für die Presse ist, bei meiner Steuerberaterin Sandra Mürb-Butschke sowie meinen Bankern Armin Stepper und Tobias Küffner, die mich alle davor bewahren, mir zu viele Dinge zuzulegen, die mir Spaß und Freude bereiten.

Nicht vergessen möchte ich auch Julia Stiller, die einen Social-Media-Legastheniker wie mich geduldig dabei unterstützt, auch hier dazuzulernen, und die zudem verantwortlich für die Bilder von mir ist.

Ganz zum Schluss möchte ich all denen danken und all diejenigen grüßen, die mir nahe stehen und die sich freuen, dass es mich gibt, und bei denen ich mich ebenfalls freue, dass es sie gibt.

Ich hoffe, jetzt habe ich alle. Und falls nicht, hoffe ich auf Verständnis, schließlich werde ich kalendarisch auch nicht jünger …

All the best

In Liebe und Dankbarkeit

Holger Fischer

Meine Angebote

Weitere Informationen über meine Arbeit und alles, was ich so anstelle und vorhabe, findest du unter www.hfcoaching.de sowie www.elean-team.de oder per Telefon unter +49 (0)176 60895996.

Anfragen für Presse, Online, Rundfunk und Fernsehen bitte ich an Carsten Meyer von Spirit Kommunikation unter +49 (0)177 3010212 oder per E-Mail an cm@spirit-kommunikation.de zu richten.

Buchempfehlungen

Folgende Bücher kann ich mit gutem Gewissen empfehlen:

- Jessica von Bredow-Werndl: *Das Glück der Erde. Was ich täglich von meinen wunderbaren Pferden lernen darf.* Knaur 2020.
- Holger Fischer: *Sie sind … Ihr bester Coach. Gesundheit, Glück, Erfolg? Was hätten Sie denn gern?* mvg 2009.
- Daniel Müksch: *Die Starmacher. Wie Ärzte, Manager und Mentaltrainer unsere Sportstars erschaffen.* riva 2020.
- Martin Strobel: *Höhepunkt am Tiefpunkt. Extreme erleben und Chancen ergreifen.* Nova 2020.
- Lilli Hollunder: *Schwanger! Im Zentrum meines Universums.* Gräfe und Unzer Verlag 2021.

Über den Autor

Holger Fischer ist Unternehmenscoach und einer der Top-Potenzialentfalter Deutschlands.

Er war als Trainer für viele Großvereine tätig und wechselte später ins Sportcoaching. Hier arbeitete er mit Profisportlern wie Angelique Kerber, Andrea Petrovic u.a. und ist maßgeblich verantwortlich für zahlreiche Medaillen und Auszeichnungen. Sein erstes Buch *Sie sind … ihr bester Coach* erschien im mvg Verlag.

Der Schlüssel zu Gesundheit, Glück und Erfolg

»Sie selbst sind der Einzige, der Sie heilen kann.«
So lautet das Credo von Holger Fischer, der durch die scheinbar unerklärliche Heilung der unterschiedlichsten Beschwerden von Bundesliga-Profis, Show-Stars und Unternehmern wurde. Auch Trainer und Mannschaftsärzte bezeugen seine außergewöhnlichen Fähigkeiten und beschwören seine heilende Kraft.

In diesem Buch zeigt er erstmalig, wie alle Menschen ihre Selbstheilungskräfte aktivieren können. Wirklich jeder kann auf sich übertragen, was bei Profisportlern Wunder bewirkt hat. Dabei stellen sich auf körperlicher, beruflicher, finanzieller und privater Ebene Erfolge ein, die man nicht für möglich gehalten hätte.

224 Seiten
Softcover
16,99 € (D) | 17,40 € (A)
ISBN 978-3-86882-020-1

mvgverlag